斗茶录

民国茶事写真

李明 / 著

華中科技大學出版社
http://www.hustp.com
中国·武汉

诗清都为饮茶多

中国是诗的国度。国人常说："熟读唐诗三百首，不会吟诗也会吟。"说起茶诗[1]，其知名度自然不及"唐诗三百首"。有人认为茶诗源头是《出歌》，也有人认为是《荈赋》。朱世英《茶诗源流》选诗从唐朝开始，因其定义标准不同[2]。如何定义茶诗取决于观察视角。狭义茶诗以茶为写作对象和主题，广义茶诗涉及与茶相关生活、场景、精神等内容。从广义角度去理解茶诗更符合其演变历程。

茶诗写作同样要面对为什么写、怎么写、水平如何等问题。茶深入日常生活，上达宫廷禁苑下至山野茅舍，世人咏志抒情自然将其纳入诗歌题材。就技巧而言，限韵、用典、化（借）用前人诗句等都是常规手段。纵观本书民国茶诗，可以从如下几个方面加以讨论。

1　除特别说明，本书所谓"茶诗"皆指旧体诗。

2　朱世英《茶诗源流》（中国农业出版社，2011）前言："其一，诗的题旨与茶以及烹茶的泉水息息相关。其二，构成一定的茶氛围。其三，有某种美好的茶情绪贯串其中。"

第一，记录时代时事。每个时代的诗歌创作都不可避免地与现实发生联系，茶诗也不例外，“诗史”[1]观念因此深入人心。赵熙、林思进、柳亚子等创作斗茶诗就有自觉的诗史意识。赵熙寄曹经沅诗直言“赖君文苑集英华”，其意义不言自明。20世纪三四十年代，日本侵华，国民政府迁都重庆，西南联大、浙江大学、武汉大学、复旦大学播迁云贵川办学七八年之久。各诗人所作茶诗也记录和反映了时代之事，如日军空袭重庆、成都、乐山等事件。

第二，茶诗用典问题。在诗人眼中，典故就是现成诗料，用典就是激活历史。江庸、赵熙、马一浮等所写茶诗，包含了大量涉茶典故，如卢仝茶、武夷茶、老人茶、北碚茶、婺源茶……使用这些典故，依托唱和双方大致相同文化心理，可以形成委婉曲折的表达效果。传说蜀王杜宇死后化为杜鹃催促农人耕种，又说杜鹃血液洒在山冈上变成红艳艳的杜鹃花，这些传说被人总结成“杜鹃啼血”的典故，可与史书记载杜宇“教民务农”相印证。不同历史时期，不同作者接触到杜宇的故事，多少都会加入一些时代因素和别样情绪。上述涉茶典故如“杜鹃啼血”一样，虽有固定历史意蕴，但不同作者使用时又会赋予其特定意义。

1　“诗史”是中国重要的文学批评概念，源自晚唐孟棨《本事诗》。历代诗史说内涵虽然不同，但贯彻着一个最为基本的核心精神，即强调诗歌对现实生活的记录和描写。本书对诗史概念的使用基于这个核心精神。当然，茶诗（旧体诗）是一种特殊文献，不是用来简单证明历史的材料。本书也不是从学理上讨论诗史或“诗史互证”，更多是从茶诗视角来考察民国时期雅集、人际交往及茶事生活。关于诗史，详见张晖《中国“诗史”传统（修订版）》（生活·读书·新知三联书店，2016）。

第三，茶诗写得如何与作诗者的才华息息相关。江庸等所写斗茶诗，胡浩川等所写采茶诗，浙江大学各教授所写试新茶诗，《红茶山房煮茗图》相关题咏，马一浮、章士钊、袁嘉谷等所写普洱茶诗，无疑都是才华的体现。中国人以茶会友，宾主尽欢，雅集赋诗，咏茶明志，文采风流，经典再现。诗人徐玑说："诗清都为饮茶多。"茶诗从唐代发展到民国，依旧才情勃发，余脉不断。这些茶诗为我们考察民国茶事提供了一个窗口。

《斗茶录》由相互独立又有一定关联的五个部分组成。《斗茶诗》所述茶事始于1939年成都雅集，参与聚会者既是友朋又是才子，即席赋诗，相互之间叠韵唱和，汇集成规模庞大的斗茶诗。柳亚子、郭沫若、董必武所作斗茶诗与雅集没有直接关系，却也是人际关系和抗战底色的真实反映。《普洱茶》从茶诗视角窥探普洱茶在历史中的蛛丝马迹。《采茶辞》所述茶事发生于1942年，胡浩川带队到重庆巴岳山采茶并作采茶诗，参与唱和者包括其同事、学生和朋友。在他们身上，可以窥探20世纪茶人精神。《湄江吟》所述茶事发生于1943年，部分浙江大学教授在湄潭自发结社，留下了宝贵的雅集茶诗。《煮茗图》梳理彭鹤濂《红茶山房煮茗图》相关题咏。上述五个部分将茶诗解读、文化阐释、人际交往融于一体，形成诗中有茶、茶中有诗、以诗观史、以史观人路径，呈现别样文化风景、交往图景和人物侧影。这些茶诗涉及云、贵、川、渝、沪，或是产区或是销区。写作本书，也是对现实茶产业的一种观照。

本书取名《斗茶录》，来源与江庸所辑《斗茶集》又有所区别。"录"

者，旨在通过这些茶诗去追忆当时雅集茶事生活。本书副标题有“写真”二字，不是通常所说摄影写真，乃是描摹事物之义。斗茶，屡见于宋人茶书。唐庚《斗茶记》谓“取龙塘水烹之而第其品”。曾慥《茶录》云：“建人谓斗茶为茗战。”蔡襄也说：“建安斗试以水痕先者为负，耐久者为胜；故较胜负之说，曰相去一水、两水。”[1]所谓胜负，实在是茶、器、水、手法及程序的综合结果。

用诗歌来描摹斗茶又有所不同，在雅集唱和活动中更多体现为以茶入诗，比拼才情。斗茶就是斗诗，斗诗也是斗茶。历史上，范仲淹有《和章岷从事斗茶歌》，对宋代斗茶颇有描摹，可与当时茶书史书相参观。民国茶诗与茶事大略有如下几种关系：其一，记录实际发生之茶事，如成都雅集喝峨眉茶、巴岳山采新茶、贵州湄潭试新茶；其二，借用涉茶典故，如卢仝《走笔谢孟谏议寄新茶》，尤其常见；第三，用茶字韵。茶诗涉及某种茶类，不能单看字面是否提及。有些茶诗出现某个茶名，却另有实指。有些茶诗没有直接提到某种茶，但有真实的历史场景和人际交往作支撑。总体上，茶事隐藏于真实的人际关系和雅集诗会之中，茶诗只是承载形式之一。

本书涉及茶诗，风格水平参差不齐，但在反映时代茶事方面自有其价值。当然，诗歌和历史并不能等量齐观，只有明白两者界限，才能更好地“诗史互证”。茶史也不是整齐划一的，而是充满了暗流和交叉小径。作为研究者，我们所能做的就是有一分证据说一分话，并尽可能从这些只言片语中还原历史图景。那些因茶而形成的

1　上引诸文见《中国古代茶书集成》（上海文化出版社，2010）第122、130、102页。

典故、风俗、人物，隐藏在历史和诗词中，也漂移在日常生活中，笔者偶然从民国茶诗中打捞片段并形之于文，略尽绵力而已。

是为序。

李明

2021 年 8 月 18 日于昆明

目录

斗茶诗：卿云缦缦日光华

1936 年，法学家江庸（1878—1960，字翊云）南下上海与家人团聚。次年，该地被日寇占据。1938 年初，因汉奸威逼，江庸连夜遁去香港避难，是年 7 月，转道汉口出席国民参政会，会毕入蜀游峨眉，途中寄诗赵熙（1867—1948，字尧生，号香宋）：“清秋六日住峨眉，每叩禅关辄忆师。”[1] 两人二十多年未见，赵熙所作和诗同样满怀往事：“白发何堪皱两眉，分襟犹记旧京师。”[2] 8 月中秋，江庸到荣县拜见赵熙：“擎杯正对中秋月，入梦还吟近赐诗。”

祖籍福建的江庸对四川的情感太深。这里是他出生、求学、交游之地，也是亲人埋骨之所。四姑 19 岁跳江殉亲，留下“从今不滴思亲泪，永作承欢地下人”的绝命诗。他对亡妻杨夫人说：“慰君无别语，后妇似君慈。”期间，江庸收到续弦夫人徐琛上海来信，报之以诗：“知否川东天较暖，腊梅十月遍开花。”因巴蜀地暖，花开早江浙沪月余。

1　江庸：《万年寺怀赵尧生师》，载《蜀游草》（大东书局，1946）。本书引用江诗，除特别说明，均据该集。

2　赵熙：《次韵翊云峨眉见怀》，载《赵熙集》（浙江古籍出版社，2014）第 736 页。

1939年春，江庸再次来到赵熙家，此行由缪秋杰、曹经沅陪同，朝去暮还。赵家纸窗为杨柳丛竹画，有赵熙题诗："燕子双飞二月时，柳条含绿李师师。于今老矣无情思，空占东风第一枝。"[1]江庸颇喜该诗幅，将窗纸割下留作纪念："此君轩下喜重来，半载离师半日陪。割去一竿窗竹影，胜他空手宝山回。"[2]江庸稍后来到成都，林思进设宴款待，胡铁华（1881—1951，名琳章，号宪）赋诗相赠，同席诸人叠韵唱和，直到江庸返回重庆，依旧诗信不断。1939年夏，江庸到乐山小住并辑成《斗茶集》，但朋友圈唱和活动并未因此而结束。已经刊印的《斗茶集》自然无法囊括全部斗茶诗。1946年，江庸辑成《蜀游草》，收录自作斗茶诗就达50余首。当时所作的斗茶诗，有的毁于战火，有的神秘失踪，还有不少散落在时人诗集中。这些诗"斗茶"，也在说历史、时事、人心及情感。

1939年成都雅集的具体时间，《蜀游草》《村居集》《赵熙集》等均无记载。笔者综合相关资料推测如下：江庸《忆成都十三叠前韵》[3]云："草堂未及逢人日，锦里原来是我家。""草堂"即杜甫草堂。"人日"即正月初七（2月25日），是日游草堂为成都旧俗[4]。江诗"人日"句原注"才迟十日耳"，可知江庸正月十七（3月7日）已经身在成都。赵熙诗提到"故人十日又离群"，说明江庸停留时间不长。雅集所喝新茶由峨眉报国寺果玲寄赠。金陵大学农学院30年代调查表明：峨眉万年寺、伏虎寺、报国寺一带采制茶时间依次是雨

1　赵熙：《画柳》，载《赵熙集》（浙江古籍出版社，2014）第749页。
2　江庸：《题香宋师画竹影窗心》，载《蜀游草》（大东书局，1946）。
3　见《蜀游草》（大东书局，1946）。
4　见《成都城坊古迹考》（成都时代出版社，2006）第309页。

水、惊蛰、清明、谷雨。是年这四个节气依次为正月初一（2月19日）、正月十六（3月6日）、二月十七（4月6日）、三月初二（4月21日）。综上，假设江庸3月6日做客于霜柑阁，次日（3月7日）就去了杜甫草堂，那他应该是当天（3月6日）或前一天（3月5日）到达成都的。峨眉距成都不足200千米，以当时交通条件论，江庸3月6日在霜柑阁所喝新茶最有可能是雨水（2月19日）后，惊蛰（3月6日）前采制的。赵熙《果玲惠峨眉茶》也说“雨水新芽寄草堂”。当然，假如江庸先去杜甫草堂再去霜柑阁，则雅集时间应该在惊蛰后一两天。

成都雅集：刻意裁诗忘品茶

1939年3月，胡铁华陪同江庸到成都拜访林思进。林家位于成都爵版街13号。爵版街一度被称为“脚板街”[1]，位于今成都市锦江区，与藩库街、干槐树街、如是庵街相通，离红星路及地铁3号线不远。林思进本人讲究生活品位，林家以膳食精美著称。赵熙与林为至交好友。胡铁华与江庸都是赵门弟子。胡赠江诗题为《霜柑阁雅集呈阁主山公兼简江参政》[2]。山公，即林思进（1874—1953，字山腴）。江庸时任参政员，故称江参政。霜柑阁，又称“霜甘阁”

1　1949年前成都老地图标注为“脚板街”。据《成都城坊古迹考》（第182页）记载：“脚板”为“爵版”谐音。街道旧有印刷爵版之印铺，因以街名。爵版是清代下属见上司所用之手本。1982年，恢复原名“爵版街”。以今人视角观之，爵版功能相当于纸质名片或电子名片，以助交际。

2　江庸：《蜀游草》（大东书局，1946）。本书所引胡、江、林、赵诗，除特别说明，均据该集。

成都爵版街路牌，余星霖摄于 2021 年

民国茶叶包装宣传“茶助文思”，林白供图

或“霜柑小阁”。

近市精庐静不哗，主人煮酒客评花。
霜柑式似宣南宅，石室珍逾峨顶茶。
松老华山谈蜡屐，芋香犀浦拟移家。[1]
光宣年少今无几，同醉春风感岁华。

首联言霜柑阁安静，适宜煮酒论诗、品茶评花。颔联“峨顶茶”即峨眉山出产之茶。宋代已有名茶峨眉白牙。颈联言江庸在席间聊起华山见闻[2]及林思进移家计划。尾联回忆光绪宣统年间诸人往来旧事，感叹岁月如流。1909年，胡铁华兄弟随赵熙赴京，寄居宣武门以南，耗费巨资捐官，并结识众多文士名流，由陈衍等组织诗会雅集，赵、胡、江多参与其中。爱酒爱茶爱美人的白居易说“人情依旧岁华新，今日重招往日宾”[3]，胡诗从霜柑阁想到昔年宣南宅，穿梭于往事与现实之间，述说朋友情谊。

林思进是东道主，其和诗题为《翊云来成都集饮霜柑阁铁华有诗次韵》[4]。次韵是和诗方式之一，使用原诗韵，用韵次序也要相同。

---

1 “松老”句原注“翊云谈及华山之盛”。“芋香”句原注“山公拟移家犀浦，放翁句芋香犀浦可专车”。检陆游诗集可知“专车”句出自陆游《晚过保福》：“茶试赵坡如泼乳，芋来犀浦可专车。”见《剑南诗稿校注》（浙江古籍出版社，2016）第二册，第66页。

2 壬申年（1932），江瀚、江庸父子与胡馨吾、陈一甫、傅增湘、周立之游华山。刊有《华岳日记》。

3 顾学颉校点：《白居易集》（中华书局，1999）第565页。

4 林思进：《村居集》（华阳林氏霜柑阁，1939）。本书所引林诗，除特别说明，均据该集。

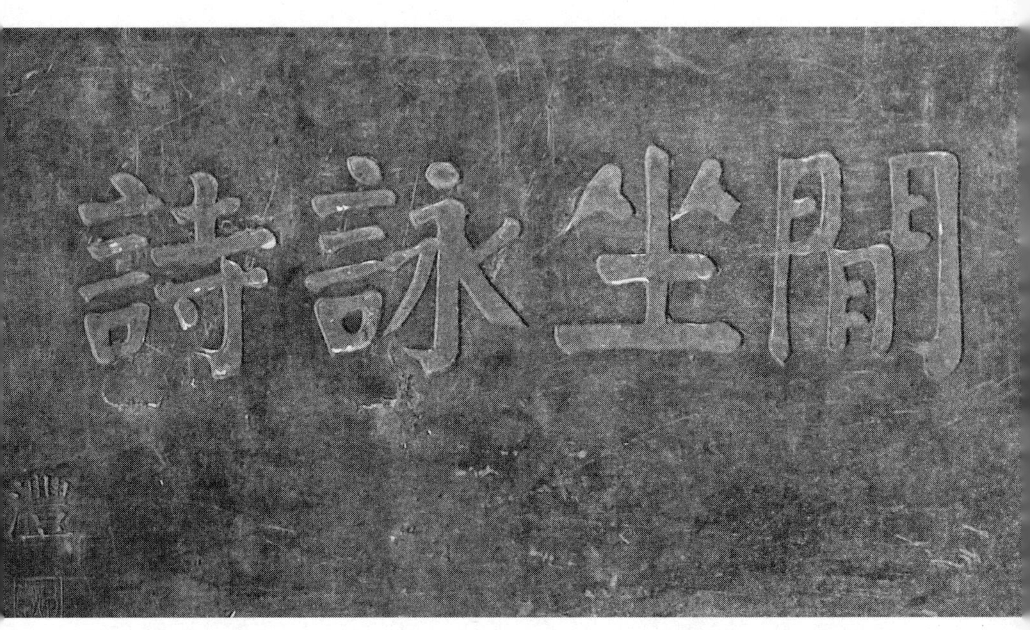

“闲坐咏诗”石刻，支离子供图

国危时议益纷哗，孤负城南二月花。

喜得旧游共尊酒，恰逢山寺寄新茶[1]。

蹲鸱慰我无饥岁，梁燕嗔人又别家。

等是乱离怀抱尽，可堪白首论京华。

林诗首联言国家多难、时议纷纭，自己隐身城南无心赏花。颔联言老友相聚一堂共饮当季新茶。“蹲鸱”指芋头。陆游咏《芋》

1　原注云：“峨眉僧寄新茶适至，即以饮客。”所谓“峨眉僧”指与诸人诗信往来不断的报国寺住持果玲和尚。由此可证，胡铁华诗中“峨顶茶”即指此茶。关于果玲事，详见后文。

竹椅是成都茶生活的标配，方一茸供图

诗云："莫诮蹲鸱少风味，赖渠撑拄过凶年。"[1]林诗尾联也是观照现实并追忆京华岁月。霜柑阁雅集，缘起江庸入川。朋友们好茶好诗相待，江庸自然要有所回应。其诗题为《和铁华并呈山腴主人》。

笳鼓营门晓夜哗，扶筇来赏锦城花。
索居日久恒思友，病酒时多渐喜茶。
但冀冥鸿能避弋，只愁归燕已无家。
故都吟侣今余几，年少如君鬓亦华。

江诗首联言当此战乱之际，"我"拄着筇杖入川赏花。"笳鼓"为斗茶诗常用词。曹经沅与江庸在重庆赏梅即言"万方笳鼓送年忙"[2]。"索居"句即离群索居久了思念旧友。"渐喜茶"犹言以茶当酒。黄山谷诗云："故人相见各贫病，犹可烹茶当酒肴。"[3]"冥鸿"即鸿雁，据说其飞得高，能避开带绳子的箭。江诗说归燕无家，乱世中人亦如此。关于"故都吟侣"，除已出场的林思进、胡铁华、江庸外，还有不少名诗人。陈衍《石遗室诗话》对此有详细记录："余言庚戌（1910）春在都下，与赵尧生、胡瘦唐、江叔海、江逸云、曾刚甫、罗掞东、胡铁华诸人创为诗社。遇人日、花朝、寒食、上巳之类世所号为良辰者，择一目前名胜之地，挈茶果饼饵集焉，晚则饮于寓斋若酒楼，分纸为即事诗，五七言古近体听之。次集则必易一地，汇缴前集之诗，互相评品为笑乐。其主人轮流为之。辛亥则益以陈弢菴、郑苏堪、冒鹤亭、林畏庐、梁仲毅、林山腴，而无

1　《剑南诗稿校注》（浙江古籍出版社，2016）第二册，第 424 页。
2　曹经沅：《任园看梅同翊云三首》，见《借槐庐诗集》（巴蜀书社，1997）第 189 页。
3　刘尚荣校点：《黄庭坚诗集注》（中华书局，2003）第一册，第 99 页。

今日之成都，赵思明供图

青城山，赵思明供图

重庆嘉陵江，张顺供图

江氏父子。”[1]江逸云即江庸，江叔海即江庸之父江瀚。截至1939年，江父及林纾（字畏庐）均已谢世，胡铁华58岁，江庸61岁，林思进65岁。成都雅集于胡、江、林而言，可谓京华旧识，物非人亦非，当时年纪最小的胡铁华如今鬓角也白了。胡铁华又作《叠前韵呈霜柑阁主仍简江参政》。

小阁无尘燕语哗，轩开两面四围花。
古松偃蹇能尊岳，佳句清新为饮茶。
彩笔依然重江令，孤山只合属林家。
诚知万事欢难驻，醉后朱颜惜鬓华。

胡诗首联言霜柑阁环境。颔联“佳句”句化用徐玑诗：“诗清都为饮茶多。”[2]杨绛写《喝茶》就引用过徐诗。颈联以江淹代指江庸，以林逋代指林思进。尾联感叹世间欢愉之事难以长久，只有惋惜那逝去的年华。江庸作《再和铁华并简山腴叠前韵》。

市虎无端万口哗，今年花市禁看花。
闻歌下泪非关酒，刻意裁诗忘品茶。
未可使形同槁木，终当胜敌立新家。
战场是处堪凭吊，词笔何人似李华。

首联“市虎”句原注“是日谣传空袭”，取“三人成虎”意。是年成都的青羊宫花市因时局被取消，故云“禁看花”。颔联“闻

1　张寅彭主编：《民国诗话丛编 1》（上海书店出版社，2002）第183页。
2　据《永嘉四灵诗集》（浙江大学出版社，2010）第128页。

成都青羊宫，孙剑供图

春兰开放

歌”句或指有人席间唱歌助兴，或用“四面楚歌”典故，俱指向心绪。李商隐《闻歌》：“此声肠断非今日，香灺灯光奈尔何。”《泪》又云：“人去紫台秋入塞，兵残楚帐夜闻歌。”[1] 是次雅集众人次韵和诗，故云“刻意裁诗”。颈联“立新家”原注“《鲁语》胜敌而归必立新家”，寄望于抗战胜利。尾联“李华”为唐代文学家，曾撰《吊古战场文》，又作《春行即兴》谈“安史之乱”后的衰败景象：“芳树无人花自落，春山一路鸟空啼。”[2] 林思进作《铁华复有诗来再次前韵兼示翊云》。

俨城风鹤自惊哗，绮阁评春尚有花。
肯对金尊呼荷荷，但无玉手唤荼荼。
新诗石笋堪成集，彩笔江郎傥忆家。
沧海横流天道远，不须揽镜叹霜华。

首联室外时局（风声鹤唳）与室内情景（有酒有花）形成强烈对比。颔联“金尊”指酒杯。“荷荷”为拟声词，言酒喝得痛快。“荼荼”本是前人对女儿的昵称。钱锺书《杂书诗》：“惯与伴小荼，儿戏浑忘倦。”诗中“小荼”指其女圆圆。林诗因“荼荼”两字前加了“玉手”二字，或指是次雅集无红颜相伴。“江郎”本义指江淹有天授五彩神笔而才思涌现之说，此处代指江庸。“沧海横流”喻社会动荡。“霜华”指白发。江庸和诗《和山腴见赠两叠前韵》如下：

高斋夜坐静无哗，点缀铜瓶一两花。

1 两诗见冯浩笺注：《玉溪生诗集笺注》（上海古籍出版社，1979）第698、329页。
2 彭定求等编：《全唐诗增订本》（中华书局，1999）第1593—1594页。

诗境渐深删旧稿，睡魔刚至畏新茶。
志犹老骥仍千里，笔有阳秋自一家。
从古锦城丝管地，晚年可玩是春华。

首联言相聚时间及场景。颔联“睡魔”一词常用以呈现茶之功能。吕岩，字洞宾，号纯阳子。以字行。《大云寺茶诗》：“断送睡魔离几席，增添清气入肌肤。”[1]苏轼《赠包静先生茶二首》云：“奉赠包居士，僧房战睡魔。”[2]陆游《试茶》诗云：“睡魔何止避三舍，欢伯直知输一筹。”[3]“欢伯”为酒之别称。颈联“志犹”句典出曹操诗“老骥伏枥，志在千里”。“笔有”句原注：“近赠所撰《华阳人物志》。”此书系林思进所撰。江诗尾联言成都宜居。杜甫诗云：“锦城丝管日纷纷，半入江风半入云。此曲只应天上有，人间能得几回闻。”[4]林思进作《翊云和诗重答》[5]。

陋巷从无车辙哗，故人来看手栽花。
话因感旧如翻史，诗自能清不待茶。
久矣园桃念行国，翻然苌楚乐无家。
君看眼底成都影，岂仅春明是梦华。

首联言霜柑阁为“陋巷”，系林思进自谦之语，林家实际上如刘禹锡《陋室铭》所说“谈笑有鸿儒”。“话因”句说聊起旧事如同翻阅史书。“诗自”句化用徐玑诗“诗清都为饮茶多”，反其意

1 见《全唐诗增订本》（中华书局，1999），第 9762 页。
2 张志烈等主编：《苏轼全集校注》（河北人民出版社，2010）第七册，第 4704 页。
3 《剑南诗稿校注》（浙江古籍出版社，2016）第一册，第 406 页。
4 仇兆鳌注：《杜诗详注》（中华书局，2015）第 702 页。
5 林思进：《村居集》（华阳林氏霜柑阁，1939）。

余馥，樌珉供图

而用之：诗本身清明，不用茶去催化。颈联“苌楚”即猕猴桃。《诗经》云：“隰有苌楚，猗傩其枝。夭之沃沃，乐子之无知。隰有苌楚，猗傩其华。夭之沃沃，乐子之无家。隰有苌楚，猗傩其实。夭之沃沃，乐子之无室。”[1]该诗言人有思想，有家有室，故有苦痛，有时反而羡慕那无知无识、无家无室的草木。尾联还是由现实引发感叹。期间，江庸到城郊游玩，作《郊行三叠前韵》抒怀。

城居无奈九衢哗，晓步春郊看菜花。
笠影僧归松迳寺，柳阴人聚草棚茶。
渔郎莫辨来时路，燕子终思故主家。
我早洞谙齐物意，不须低首诵南华。

江诗前四句言郊游原因及所见情景。“草棚茶”即在草棚下饮茶。颈联“渔郎”句用《桃花源记》典故，其人想要再进桃花源却已无路可寻。燕子常在别人家梁屋上筑巢寄居，当然是“故主家”。《庄子》被道家尊为《南华经》，中有《齐物论》篇。江庸此来成都，兼带考察迁居房屋，但成都民众也因空袭，开始疏散到郊外，他自觉像那个渔人般无路可寻。江庸在成都待了大概十天，将回重庆前，林思进作《翊云将行四次前韵》送行。

卅载惊逢一笑哗，余年愧我眼昏花。
乱中情绪愁攀柳，时节清明记买茶。
花片已稀莺送客，础痕欲润蚁移家[2]。

1 周振甫：《诗经译注》（中华书局，2013）第199—120页。
2 原诗注：成都方迫人民疏散。

成都武侯祠，孙剑供图

峨眉山茶园，洪漠如供图

送江入海真何日，更约扬帆采石华。

林诗首联言“我们”三十年后再次相逢，“我”已经老眼昏花。颔联“买茶”句言清明将至，正好可以买茶。颈联“移家”句原注“成都方迫人民疏散”，即成都民众像蚂蚁般被迫疏散。尾联“送江”句典出苏轼《游金山寺》：“我家江水初发源，宦游直送江入海。”[1]“石华”句典出谢灵运《游赤石进帆海》：“扬帆采石华，挂席拾海月。”[2]江庸《和山腴赠别四叠前韵》如下：

逐日传笺浪自哗，江郎安有笔生花。
郫筒饮后方知酒，蒙顶归来可废茶。
未必吴淞能买棹，不妨锦里便为家。
峨眉自是寰中秀，睥睨黄山况九华。

首联“逐日传笺”指频繁斗诗。“安有”句系江庸自谦才华有限，无生花妙笔。“郫筒”代指当地所产美酒。范成大《吴船录》称其为“挈酒竹筒”。《华阳风俗记》“谓之郫筒酒”[3]。陆游官蜀有诗记之：“郫筒味酽愁濡甲，巴曲声悲怯断肠。”[4]蒙顶自古出产名茶。江诗言“可废茶”意在赞赏该地出产好茶。“吴淞”即上海。江庸家眷当时尚在上海，江庸1941年所写的《喜内子将至》可以印证这一点。“锦里”即成都，江庸早年随家人寄居成都，置有宅院，此去数十年，可能

1　张志烈等主编：《苏轼全集校注》（河北人民出版社，2010）第二册，第607页。本书引用苏诗，除特别说明，均据张本。

2　萧统编，李善注：《文选》（上海古籍出版社，1986）第1043页。

3　见《范成大笔记六种》（中华书局，2002）第188页。

4　《剑南诗稿校注》（浙江古籍出版社，2016）第一册，第388页。

已经废弃。尾联旨在称赞蜀中山水。江庸离开成都前再聚于霜柑阁，林思进作诗送别，题为《翊云重饮小斋即事再送》。

取宠谁能逐世哗，聊从酒伴论堆花。
病宜茅酿犹堪饮，渴点珈琲便当茶。
黄鹄子安待携手，白头江令好还家。
细拈三十年间事，前识因君悟道华。

首联言邀宠于世不如与朋友喝酒论花。颔联“茅酿”指酒，“珈琲”即咖啡。中国茶诗多“茶当酒”“酒当茶”之说，林思进咖啡当茶之说颇新警。颈联“黄鹄”句用《列仙传》“子明成仙”的典故。“江令”本指江总（字总持），代指江庸。尾联言友情。江庸作《再答谢山腴留饮兼赠之作五叠前韵》。

一室春宵笑语哗，牡丹刚放数枝花[1]。
瘙当痒处麻姑爪，癖到深时陆羽茶。
门外车停人问字，江南草长客思家。
年来去住真无定，戏比仙人萼绿华。

首联言牡丹初放，诸友欢聚。传说仙女麻姑手如鸟爪，“麻姑爪”即此意。四川青城山亦有麻姑池，张大千居青城时曾绘《麻姑图》。“陆羽茶”言有茶癖。唐人陆羽嗜茶，著《茶经》，被尊为茶圣。颈联“人问字”言常有人上门请教学问。林思进文名在外且住在成都，外地学者多会前往拜访。“客思家”典出丘迟《与陈伯之书》：“暮

1　原注：“霜柑阁牡丹初开。”

成都小吃，赵思明供图

春三月，江南草长，杂花生树，群莺乱飞。”[1]尾联化用李商隐诗：“萼绿华来无定所，杜兰香去未移时。”[2]期间，江庸又作《游王氏园醉归读山腴诗六叠前韵奉寄》。

草堂门掩驻军哗，邻墅无人剩落花。
新垒怕迁栖定鸟，好诗当饮解酲茶。
重游仍旧依皋庑，别梦何曾到谢家。
不是丰城埋剑地，空教辨气误张华。

首联“草堂”指杜甫草堂。该地早有驻军，陈衍1936年入川时就见过。“栖定鸟”原注“市民安土重迁，多无意疏散”。“解酲茶”，好诗如茶，有醒酒之功。“皋庑”用梁鸿典故，陋室也。“谢家”用谢灵运继承祖先庄园善加经营的典故。“丰城埋剑”用“丰城剑气”典故，指张华使雷焕在丰城获得龙泉、太阿神剑事。这也是王勃《滕王阁序》“物华天宝，龙光射牛斗之墟”的典故。江诗原注：“东门外掘藏方亟，盖误信有张献忠匿银也。”张献忠是明末农民起义领袖，世传其将搜罗的金银珠宝匿藏于某处[3]。不是藏宝地，自然找不到宝藏，故云“空教”。林思进对“别梦何曾到谢家”感触颇深，其和诗如下：

城头坎坎鼓声哗，春去难留将萎花。
寄妇君寻堕林粉，思乡人说武夷茶。

1 王玫、许红英：《历代书信精选》（上海远东出版社，2012）第79页。
2 冯浩笺注：《玉溪生诗集笺注》（上海古籍出版社，1979）第369页。
3 近年来考古成果已经证明张献忠沉银的真实性。2015年认定的四川省眉山市彭山区江口镇即张氏藏银的中心区域之一。

四川都江堰，摄于 2021 年，杨元元供图

已看游草新成卷，转羡行窝便署家。

不是江郎匹锦在，谁能侧艳赋风华。[1]

林诗前四句是说，刚刚城头鼓声大作，春天也留不住行将枯萎的花朵。给妻子寄去江州所产堕林粉，想念家乡的人总是说起武夷茶。“寄妇”句原注：“湘绮有寄江州堕林粉与梦缇诗。”“湘绮”即王闿运。林思进友人庞俊在《虞美人》中也写道：“几时回雁过妆楼，为觅堕林新粉向江州。”[2]武夷茶与思乡人联系在一起，可能与江庸祖籍福建有关。福建也是林徽因、冰心、陈衍、李宣龚的家乡，

1 林思进：《翊云复示和诗中，有“别梦何曾到谢家”句，为所知曼波发也，且云此次唱和，殆如举鼎绝膑，盖雅谑也，赋答》，载《村居集》。

2 庞俊：《养晴室遗集》（巴蜀书社，2013）上册，第 175 页。

成都盖碗茶，方一茸供图

是产茶大省。“已看”句原注“香宋所题”。1938年中秋，赵熙作《题翊云诗后四首》，开篇即说：“小卷诗人遍蜀游，乱中安稳度渝州。”[1] 渝州即重庆。林诗尾联言江庸才华不减。江庸作《留别成都九叠前韵》，算是正式告别。

一楼尘世任欢哗，恋恋成都只为花。
分我一杯慈竹笋，欠君九斛玉尘茶。
正逢濯锦生春水，欲过临邛问酒家。
尚恨此来迟十日，观梅无分诣芳华。

1　题诗共四首，详见《赵熙集》（浙江古籍出版社，2014）第737页。

首联言对成都的眷念之情。“慈竹笋”典出陆游《初到荣州》：“杯羡最珍慈竹笋，瓶水自养山姜花。地炉堆兽炽石炭，瓦鼎号蚓煎秋茶。”[1]“荣州”为荣县旧称，赵熙家乡。陆游官荣州前后70天，写此诗时正好是淳熙元年（1174年）农历十一月，则秋茶或是实指。陆游《瑞草桥道中作》亦写慈竹：“邮亭慈竹笋穿篱，野店蒲萄枝上架。”[2]“玉尘茶”原注：“搜神记橘中叟曰：输君九斛玉尘，后日于青城草堂还我。”这个说法也见牛僧孺《玄怪录》。茶诗中多用“玉尘”来代指茶叶，如白居易：“酒嫩称新液，茶新碾玉尘。”[3]，又如陆游：“兔瓯试玉尘，香色两超胜。”[4]“生春水”出自杜诗“二月六夜春水生”（《春水生二绝》），陆游《上巳临川道中》也借用过这句杜诗[5]。“临邛”句用司马相如、卓文君当垆卖酒事。李商隐《寄蜀客》“君到临邛问酒垆，近来还有长卿无”[6]与江诗所用典故相同。“芳华”指芳华楼，在成都合江亭，楼前多植梅树。陆游《樊江观梅》：“谁知携客芳华日，曾费缠头锦百端。”[7]江诗尾联言“观梅无分”，这梅花陆游却见过：“天工丹粉不敢施，雪洗风吹见真色。”[8]

从成都到重庆，水路、陆路皆可通行。走水路，即从岷江顺流而下，沿长江即可直达重庆。江庸此行走水路，过五通桥时短暂停留，与

1　《剑南诗稿校注》（浙江古籍出版社，2016）第一册，第387页。
2　《剑南诗稿校注》（浙江古籍出版社，2016）第一册，第303页。
3　顾学颉校点：《白居易集》（中华书局，1999）第330页。
4　《剑南诗稿校注》（浙江古籍出版社，2016）第一册，第303页。
5　《剑南诗稿校注》（浙江古籍出版社，2016）第一册，第72页。
6　冯浩笺注：《玉溪生诗集笺注》（上海古籍出版社，1979）第257页。
7　《剑南诗稿校注》（浙江古籍出版社，2016）第三册，第108页。
8　陆游：《芳华楼赏梅》，载《剑南诗稿校注》（浙江古籍出版社，2016）第二册，第153页。

缪秋杰相会并作诗相赠，题为《五通桥赠缪秋杰都转十叠前韵》。“都转”即“都转运使”。缪秋杰时任盐务总办，江庸以古代官名称之，以示敬意。

巡方不让路人哗，君念民瘼我看花。
要使灾黎登衽席，岂徒裕国在盐茶。
百寻縋井赁修绠，十里输泉到别家。
一片天车烟际影，五通桥水接牛华。[1]

江诗颔联“要使”句原注“秋杰于自贡井五通桥创立保育院教养难民子女”，即首联所说“君念民瘼”。“岂徒”句，即“取之于民，用之于民”之意。江诗最后四句写五通桥盐场景色。“牛华”，即牛华溪，产盐重镇。岑春煊之孙岑立三时任川康盐务局五通桥分局局长，属于缪秋杰盐政系统内人物。1938 年，经济部部长翁文灏（1889—1971）入川考察，经牛华溪、云华镇、竹根滩至五通桥，就住在岑立三家。岑向翁汇报了一组数据：“自流井产盐，月约二十数万担，五通桥六万担，牛华溪三万余担。五通桥盐场每月用煤约十五万吨。”[2] 这组数据足见当地产盐之盛，也可佐证江诗最后四句。因为与缪秋杰的关系，江庸此行可能也住在岑家，遂作斗茶诗赠送，题为《留别岑立三夫妇十一叠前韵》。

墟日人声小市哗，沿陂细路放桐花。
水生渡口初横艇，地近峨眉好买茶。

1　见江庸：《蜀游草》（大东书局，1946）。
2　见李学通、刘萍、翁心钧整理：《翁文灏日记》（中华书局，2010）第 295 页。

屋角浓烟知灶户，桥边疏柳认渔家。

嘉州合让岑参住，坐拥溪山遣岁华。

“墟日”指约定俗成的赶集日子。四面八方的人聚在集市上，自然吵吵嚷嚷。朱镜宙1937年入川督税务，所写回忆录《梦痕记》中记载，当时川中征税对象之一的酒厂，多分布于场上。这里的“场”，相当于东南各省的墟市。川中赶场日期每月或二、五、八日，或三、六、九日，或一、四、七日。笔者家乡地近四川，赶集日期也一致。时值农历三月，正值春茶上市，也是赶集日子，山民会把家里的茶拿到集市售卖，五通桥与峨眉相距不远，所以说“好买茶”。尾联“岑参”为唐代诗人，曾任嘉州刺史，江诗用以指代岑立三。在五通桥停留期间，江庸作《怀山腴十二叠前韵》。

朝朝风鹤漫惊哗，看遍春城二月花。

有疾惮医姑屏酒，怀人如渴正思茶。

芋收锦里先生宅，梅在孤山处士家。

石室即今文教盛，期将朴学砭浮华。

首联言时局与个人行动。颔联“怀人”句指思念林思进如同渴了想喝茶一般。颈联“锦里”指成都，“处士家”用林逋典故。尾联“石室”指霜柑阁。“朴学”又称考据学，为清代学术流派，可参看《清代朴学大师列传》。林思进是川中名宿，久在学校图书馆任职，门生包括后来成名的大师级人物姜亮夫。姜1938年即到过霜柑阁。林思进《得翊云五通桥书》应是回应江诗的。

登车挥手谢嚣哗，两桨青衣浪魇花。
官井灶多通碧笕，蜀盐引涨胜纲茶。
竹王祠下灵巫鼓，杨柳湾边浣女家。
君看鸢飞不到处，芳菲原未减春华。

首联想象分别场景。颔联“碧笕”指竹水管。黄山谷诗云：“清如接笕通春溜，快似挥刀斫怒雷。”[1]“笕”即以竹通水。据嘉庆年间《犍为县志》记载：“盐井……深者至百余长，用竹作筒，垂下取水，煎晒成盐。”[2]历史上，淮盐受太平天国战乱影响，在荆楚的传统市场受到巨大冲击；川盐因地利优势，迎来占据楚地市场的黄金时代。抗战期间，许多产盐区落入敌手，对川盐的发展来说压力不小。缪秋杰身处其间，为保障食盐供应做出了不小贡献。颔联写五通桥盐业之胜，以纲茶作比可谓确当。竹王祠、杨柳湾都在五通桥，前者又作“竹公祠”。西晋时期，生活于今贵州一带的僚人迁入蜀地乐山。僚人前身与夜郎国相关，以竹为姓，夜郎王称竹王。竹王祠是为了祭祀夜郎王而设。杨柳湾与湖广入川的人有关，该地广植杨柳且住户多姓梁或柳。江诗尾联言五通桥春景依旧。林思进对江庸行程很清楚，另作《计翊云日内当抵渝》。

回帆挝鼓市声哗，重到江城定少花。
一卷自勘行箧草，孤灯兀对上清茶。
黄姑别后休牵梦，桃叶迎成即是家。
共信劫余秋不死，翠盘瓜熟待君华。

1　刘尚荣校点：《黄庭坚诗集注》（中华书局，2003）第四册，第 1298 页。
2　转引自《乐山掌故》（新华出版社，2017）第 117 页。

首联“挝鼓”意为敲鼓。陆游诗云“高城漏鼓不停挝”[1]。“江城”即重庆。“行箧”指行李箱。江庸时寓重庆上清寺（地名）。诗中“上清茶”在这里是用韵所需，不一定实指有这种茶。“一卷”“孤灯”云云，言江氏孤身一人来往于成都、重庆之间。“黄姑”即牵牛星。梁武帝萧衍《东飞伯劳歌》诗云：“东飞伯劳西飞燕，黄姑织女时相见。”[2]“桃叶”句典出晋代王献之《桃叶》诗：“桃叶复桃叶，渡江不用楫。但渡无所苦，我自迎接汝。”[3]江庸家室时在上海。林思进用此典，应该是希望江庸早日与家人团聚。尾联原注：“翊云约秋日重来，予今年种有哈密瓜子也。”江庸叠韵复诗如下：

春归宁禁燕莺哗，梅到残时杏又花。
身偶得闲休负屐，渴如能解莫嫌茶。
琼楼乍近仍高处，碧玉终惭是小家。
我亦存心知得失，敢忘丑拙诩清华。

首联言春归、梅谢、杏花开，既是自然变化，又揭示了江庸回到重庆的大致时间。颔联言有空要多出去走走，有茶喝能解渴就行，不要太挑剔。颈联“琼楼”句言终究高处不胜寒。“碧玉”句化用成语“小家碧玉”。尾联“清华”原注“《颜氏家训》：自谓清华，流布丑拙”。这是江庸自谦之语。

1 《剑南诗稿校注》（浙江古籍出版社，2016）第七册，第 249 页。
2 逯钦立辑校：《先秦汉魏晋南北朝诗》（中华书局，1983）第 1521 页。
3 逯钦立辑校：《先秦汉魏晋南北朝诗》（中华书局，1983）第 903 页。

寓重庆期间，江庸有时住在朋友家，有时住在内弟徐家。江庸发妻杨氏早亡，续弦夫人名叫徐琛（1891—1962），字彦愉，浙江桐乡人。徐此时尚在上海，与江分居两地。江庸的《寄内十六叠前韵》就是写给徐琛的。

一楼儿女笑声哗，兰到春来又著花。
溅泪罗襟还当酒，爱凉冰碗胜于茶。
坠欢有味思前事，讳疾担心误自家。
细认珊瑚鸾镜影，似从别后减风华。

首联提到的兰花系江母遗物。江诗回忆往昔兰花开放，儿女欢哗情景，泪湿罗襟还以为是洒落的酒水。“冰碗”本是夏季消暑用品。在兰花开放的春天言“胜于茶”，可能与心情相关，或与心爱的人一起享用过。“坠欢”指称快乐往事。“风华”句原注“近寄小影”。尾联言江庸在照片中看出妻子容颜清减。江庸那时心事重重，遂作《有忆十七叠前韵》。

悦龙昨夜似曾哗，晓雨湖滨泾桂花。
一任飘零身似絮，细参甘苦味同茶。
愁看碧草生南浦，莫误红楼是妾家。
青鸟不来春又逝，更无灵药驻容华。

首联写夜闻犬吠，晨起看花。颔联写漂泊江湖，身如柳絮，其间甘苦，譬如茶味。“南浦”，在重庆万州。陆游《偶忆万州戏作短歌》云“南浦寻梅雪满州”[1]。范成大在《万州》中也写道：“晨炊维下岩，晚酌檥南浦。”[2]“妾家”句化用李白的《陌上赠美人》：“美人一笑褰珠箔，遥指红楼是妾家。”[3]“青鸟”传说为西王母信使。李商隐诗云：“蓬山此去无多路，青鸟殷勤为探看。”[4]南唐中主词云：“青鸟不传云外信，丁香空结雨中愁。”[5]江诗既云“青鸟不来”，等待的又是什么呢？春来春去，花开花落，“只是朱颜改”。

斗茶诗唱和并未因江庸离开成都而结束，荣县、重庆相关诗友不久后参与其中。下面，笔者先交代成都雅集未详情况。江庸、林思进霜柑阁雅集，尚有名“荀龙”者在座，并作《和翊云先生》[6]：

醒人默默醉人哗，都入江郎五色花。
陶令年衰方止酒，卢同名重不因茶。
干戈来日知全胜，时世新妆误内家。
公有千军横扫笔，武英应亦伏文华。

首联“江郎”即江淹，传说他年少时，得仙人所传五色神笔，故而妙笔生花，此处以江郎代指江庸。“陶令”即陶渊明，有饮酒诗传世。“卢同”即卢仝。“千军笔”即千钧笔。关于荀龙，冒广

1 《剑南诗稿校注》（浙江古籍出版社，2016）第一册，第 233 页。
2 见《范石湖集》（上海古籍出版社，1981）第 221 页。
3 郁贤皓校注：《李太白全集校注》（凤凰出版社，2015）第七册，第 3314 页。
4 冯浩笺注：《玉溪生诗集笺注》（上海古籍出版社，1979）第 399 页。
5 见《南唐二主冯延巳词选》（上海古籍出版社，2002）第 13 页。
6 见《制言》月刊第 56 期。

生致林思进信中提及“去年以询君子荀龙，信然”[1]，似指林思进儿子。林次子早夭，剩余儿子无名“荀龙”者。某日，笔者在《养晴室遗集》中读到庞俊与赵荀龙通信，赵为赵熙第八子，庞在信中称其为八兄。这个“荀龙”是赵荀龙的可能性非常大，原因有三：其一，向楚、江庸都是赵熙得意门生，庞俊虽非亲传，交往中也执弟子礼；其二，向楚诗中称其为“世弟”；其三，赵熙、林思进为至交好友，通信中提到“八子归，欣奉良书及赐珍，宛然面语”[2]。综上三条，荀龙作为赵熙的儿子参与是次雅集才符合情理。

江庸、林思进都有梨园之好。江庸是次盘桓成都期间，还结识了当红川剧名旦黄佩莲。江与黄订交，一方面是由于林思进隆重介绍，另一方面是黄氏才艺俱佳。江庸在他身上看到了梅兰芳影子：“巴蜀重游吾已老，花下逢君苦不早。惟君风度似梅郎，和靖如何不倾倒。”[3]“和靖”本指宋代隐士林逋，此处代指林思进。江庸初识黄佩莲就忙不迭题扇相赠，难怪林思进要作诗记录，《翊云为佩郎题扇，漫缀其后，以当本事》。

愁见群鸦绕凤哗，生憎无力护名花。
风飘落蕊偏黏溷，病惜腥酥不念茶。
油碧幽兰念苏小，玳梁栖燕换卢家。
忽看题扇增惆怅，箧笥无恩掩月华。

1　详见何芳《赵熙等致林思进书信略考》（中国书法，2017）。

2　赵熙：《答林山腴》，载《赵熙集》（浙江古籍出版社，2014）第 1105 页

3　江庸：《山腴写示近赠佩郎长篇索和，勉成十二韵，寄佩郎并怀畹华沪上》，载《蜀游草》（大东书局，1946）。

首联用“名花”代指黄佩莲。颔联“不念茶”原因正是身体有疾。颈联“油碧”句用苏小小典故。李贺《苏小小墓》云：“幽兰露，如啼眼。无物结同心，烟花不堪剪。草如茵，松如盖。风为裳，水为佩。油壁车，夕相待。冷翠烛，劳光彩。西陵下，风吹雨。”[1]“玳梁”句化用唐人沈佺期诗：“卢家少妇郁金堂，海燕双栖玳瑁梁。”[2]尾联“无恩”之说典出《怨歌行》：“弃捐箧笥中，恩情中道绝”，合欢扇被丢弃在竹箱中，意味着恩情断绝。这合欢扇原本“团团似明月”，“出入君怀袖”[3]。《怨歌行》是有名的闺怨诗，林思进如此说，一副争风吃醋的样子，颇有打趣江庸的意思。江庸作《山腴以余为佩郎题扇赋诗相谑，率和一律即赠佩郎》。

海棠方冶让蜂哗，莫放荼蘼便著花。
自古情根原有种，几人舌本惯知茶。
歌听白纻新翻曲，巷号乌衣久住家。
欲续金台残泪记，天回玉垒作京华。

首联以自然现象双关黄氏：海棠始放，众蜂驻留其上吵吵嚷嚷。颔联“情根”句言自古以来有情人本性使然。欧阳修《玉楼春》云：“人生自是有情痴，此恨不关风与月。”[4]“几人”句言不是什么人都知茶懂茶。联系诗意，或言知己难求。颈联“白纻”原是晋代宫廷舞蹈。梁武帝萧衍曾作《白纻辞二首》，云舞者“纤腰袅袅不

1 见《三家评注李长吉诗歌》（上海古籍出版社，1998）第46页。
2 见《沈佺期宋之问集校注》（中华书局，2001）第18页。
3 余冠英：《乐府诗选》（中华书局，2012）第66页。
4 黄畬笺注：《欧阳修词笺注》（中华书局，1986）第67页。

任衣”[1]。南平王刘铄《白纻曲》云“体如轻风动流波”。[2]“新翻曲”似是写黄佩莲唱歌助兴。“巷号乌衣”即乌衣巷，位于秦淮河畔。唐人刘禹锡《金陵五题》第二首即写《乌衣巷》：“朱雀桥边野草花，乌衣巷口夕阳斜。”[3]汪东在《金陵感事》中也写道“莫向乌衣吊夕阳”。[4]“欲续”句典出张际亮同名著作《金台残泪记》，该书记叙清代道光年间京城艺人事迹。钱锺书《见金台残泪记小郄语感作》云：“一叹掩书何彼此，无多残泪为新弹。”[5]“一叹”典出《金台残泪记》卷三：“小郄尝坐而叹，余偶问何叹，即应曰：彼此同叹。”钱诗原注提到：靳荣藩（字价人）辑录吴伟业诗作《吴诗集览》，认为《王郎曲》乃吴氏自伤之作。“金台”本指黄金台，联系上句“乌衣巷”，应是代指南京。“玉垒”代指成都。杜甫诗云：“花近高楼伤客心，万方多难此登临。锦江春色来天地，玉垒浮云变古今。”[6]综合来看，江庸亦如白居易写《琵琶引》、吴伟业写《王郎曲》、张际亮写《金台残泪记》般，借他人自伤际遇。林思进读懂了江庸心思。在和诗第一句就关联了三个典故。林诗云：

一声能定广场哗，唤出尊前貌胜花。
接荀令香刚近坐，解相如渴不须茶。
已劳江夏无双品，更访花溪弟四家。
借问总持持底事，可无琬琰篆茗华。

1　逯钦立辑校：《先秦汉魏晋南北朝诗》（中华书局，1983）第 1520 页。
2　逯钦立辑校：《先秦汉魏晋南北朝诗》（中华书局，1983）第 1214 页。
3　见《刘禹锡集》（中华书局，1990）第 310 页。
4　见《汪东文集》（河南文艺出版社，2016）第 307 页。
5　钱锺书：《槐聚诗存》（生活・读书・新知三联书店，2002）第 94 页。
6　仇兆鳌注：《杜诗详注》（中华书局，2015）第 934 页。

林诗题为《翊云极讔佩郎于予以诗调之》。讔，赞赏之意。首联言黄氏扮相风度。“一声”句原注：“唐人诗‘贺老琵琶定场屋’，即吴梅村‘王郎一声声顿息’及牧翁‘清歌缓舞广场寂，千人石上无人息’意也。”林思进这一句就涉及三个典故：唐人元稹《连昌宫词》、明末清初吴梅村《王郎曲》、钱谦益（牧翁）《清歌》。足见林诗感叹之深。“唤出”句言黄佩莲舞台扮相之佳。“荀令香”与东汉末年政治家荀彧有关，人称其为“荀令君”，据说他到别人家坐过的席子好几天后还有香味。唐人李商隐《韩翃舍人即事》也说：“桥南荀令过，十里送衣香。”[1] 此处言黄氏风度。“相如渴”与文学家司马相如有关，据说其有渴疾，饮茶而解。“江夏无双”是东汉“天下无双，江夏黄童”省语，黄庭坚答黄冕轩诗开篇也说“江夏无双乃吾宗”[2]，林诗用以双关黄佩莲。“花溪”句同样是双关黄佩莲。杜甫《江畔独步寻花》云：“黄四娘家花满蹊，千朵万朵压枝低。留连戏蝶时时舞，自在娇莺恰恰啼。”[3] 尾联“总持”本义指江总（字总持），此处代指江庸。“底事”，意何事。陆游《春愁曲》云：“世间无处无愁到，底事难过万里桥。”[4] 黄佩莲年少失学，自知其短，常向林思进请教，执弟子礼。林也是黄佩莲的“粉丝”，称其为“佩郎”。江、林借斗茶诗互相调侃，也是一桩趣事。

江庸离开成都前复到霜柑阁做客。周虚白（1906—1997）刚好从新繁镇到成都，适逢其会，次韵作诗记录当时情景，题为《霜柑

1　冯浩笺注：《玉溪生诗集笺注》（上海古籍出版社，1979）第650页。

2　刘尚荣校点：《黄庭坚诗集注》（中华书局，2003）第一册，第295页。

3　仇兆鳌注：《杜诗详注》（中华书局，2015）第680页。

4　《剑南诗稿校注》（浙江古籍出版社，2016）第一册，第301页。

阁重集，次韵清寂师兼呈江翊云先生》[1]。

旧雨重来笑语哗，虚明阁子影依花。
论羹鱼美堪成谱，赌酒杯深更费茶。
词客如星真聚井，春灯飘梦又离家。
眼中坡谷堂堂在，可柰霜华是鬓华。

首联“旧雨”代称老朋友。颔联言美食美酒，也说明聚会气氛很好。“更费茶”即醒酒需要用到大量的茶。颈联“春灯”句原注“予昨方自繁江来”。“词客”句原注：“席上江翊云、张寒衫两先生，董寿平、晏济源两君皆因乱入蜀者。”尾联原注：“任教中学，间到先生家课其文孙，诗已收入江庸主编《斗茶集》。”周诗“坡谷”句用苏轼和黄庭坚来指代江庸和林思进。

据周诗可知是次霜柑阁雅集宾主至少六人，即林、江、周、张、董、晏。其他五人履历信息无误，但笔者综合考证后认为“晏济源”应该是“晏济元”。事情还得从张善孙、张大千兄弟说起。张氏昆仲均与林思进相交。张善孙的儿子张比德是林思进的外孙女婿。晏济元与张氏兄弟都是同乡（内江）好友。晏的侄子又是张善孙的女婿。1938年，张大千与晏济元从北平辗转回川，于同年赠林思进《岁朝图》和《巫峡清秋图》。有了这层关系，晏济元出现在林家宴席上才符合情理，而张、晏回乡与张、董入蜀正是抗战期间人口流动的小小缩影。

1937年七七事变前，董寿平（1904—1997）居北平，每日读书

1 见《周虚白诗选》（云南人民出版社，1995）第10页。

作画，日子过得平静而充实。董寿平出生时，外祖父陈履亨为其取名董揆，字谐柏。“揆”是宰相别称，寓意非常明显。祖父董文焕[1]是同治朝高官，在京交往者包括翁同龢、李慈铭等人。董氏家族在山西运城经营盐业，鼎盛时期每年利润达三十万两。官场有人脉，家里有银子，董揆想走仕途，天生有优势。因为仰慕画家恽寿平，董揆改名董寿平。

1937年11月8日，日军攻占太原。次年春，董寿平逃难到西安，住了五个月后又逃到成都，由老乡李琴斋介绍结识林思进。1939年春，碰巧又成了江、林重聚霜柑阁的见证人。林思进因之赠以斗茶诗[2]。

晋阳回望寇气哗，战垒经过又发花。
箫鼓罢听汾水曲，兔楼先诵蜀清茶。
麒麟汗漫空行地，燕雀苍茫各有家。
携得枌阴旧词卷，故应公子是瑶华。

“晋阳”即山西的晋阳关。林诗首联即点明董氏入蜀原因。“兔楼”句原注：“张景阳《成都白兔楼》诗‘芳茶冠六清’。”“麒麟”句，据《淮南子》记载，卢敖游北海遇仙人，邀仙同游，仙以与汗漫有约相拒。李白诗云：“先期汗漫九垓上，愿接卢敖游太清。”[3]“瑶华”句原注“瑶华公子龚定庵语也”。“龚定庵”即龚自珍。期间，

1　董文焕（1833—1877），字尧章，号研秋、研樵、砚樵。

2　林思进：《董寿平揆自洪洞避乱入蜀，见访，出示其亡祖研樵先生〈枌阴老屋校韵图〉感赠》。为此图题过诗者，包括清人李慈铭。

3　郁贤皓校注：《李太白全集校注》（凤凰出版社，2015）第四册，第1670页。

经林思进斡旋，董寿平得以在成都举办个人画展。这是董氏入川的第一个画展，作品销售一空，经济压力得以缓解。

1939年3月，成都开始疏散市民。林思进不敢大意，先把家人送到相对安全的河湾（河湾村似是林家老宅所在地[1]）。林诗《送内子往河湾，先携书笥安置，为避寇计》正是真实写照。由于原配钟氏已经逝去多年，林诗提到的“内子”指妾室陈洁，其在林思进七十大寿时才正式被立为继室[2]。诗云：

屋上啼乌朝暮哗，感时溅泪锦城花。
桥余再斩重生柳，甘味宁回去后茶。
漫托文章招北客，尽捻书籍问东家。
剩怜岁月堂堂逝，老我无心叩玉华。

首联“感时”句化用杜甫《春望》诗意：“国破山河在，城春草木深。感时花溅泪，恨别鸟惊心。”杜甫写此诗时正值安史之乱，林思进写此诗时，正是日本侵略者肆虐之时。心境相同，移情于物，觉得“锦城花”也像人一样流泪。“去后茶”原注：“予家避乱今三次矣。”“桥”指树被砍后留下的桩子。柳树、茶树一类植物，树桩能发芽再生，但重生的柳枝也被摧残了，是句言日寇侵略之残酷。颈联言写信问讯沦陷区的朋友，自己也带着书到处找藏身之所。尾联“玉华”指青城山玉华楼。范成大《吴船录》云：“真君殿前

1 林思进有《河湾老宅，示诸内侄》诗。载《清寂堂集》（巴蜀书社，1989）第418页。
2 据余秋慧：《林思进研究》（四川师范大学，2019）第127页。

有大楼，曰玉华。”[1]其诗也说：“丈人峰前山四周，中有五城十二楼。玉华仙宫居上头，紫云澒洞千柱浮，刚风八面寒飕飕。”[2]安置好家眷、书籍，林思进回到成都住了一段时间。

1939年寒食节，林思进独坐霜柑阁，寄诗陈洁（“平生每道河湾好，避地河湾计亦佳”）并寄诗内兄钟筱仙致谢（“待得我为田父日，买羊封豕谢君沽”）。清明节过后，林思进避居河湾，董寿平移居灌县（今都江堰市）。江庸时在重庆，赵熙、章士钊、刘成禺、曹经沅等先后加入斗茶诗唱和行列。

重庆唱和：清友言如初煮茶

1938年，章士钊拒绝出任伪职，也拒绝遁去香港躲避。1939年2月，章来到重庆。在法律界，章士钊（1881—1973，字行严）与江庸齐名，两人诗信往来不辍。江庸回到重庆后，章士钊作《和翊云》[3]五首。第一首云：

山郭危时静亦哗，无多心事起看花。
洞居不为朝观日，睡扰微缘夜饮茶。
巴蜀自来尊汉腊，文章何忍说新家。
庙堂宠略浑难测，只有安神阅岁华。

1 见《范成大笔记六种》（中华书局，2002）第190页。
2 见《范石湖集》（上海古籍出版社，1981）第249页。
3 见《章士钊诗词集 程潜诗集》（湖南人民出版社，2009）第23—24页。

首联言闲居山城重庆。颔联“洞居”指入住防空洞躲空袭。“睡扰”句言因夜间喝茶影响了睡眠。但“微缘”说明失眠的原因主要还是心事重。颈联“新家”句回应江诗“终当胜敌立新家”。尾联言形势难测，宜自我安顿身心。第二首云：

一声刁斗压千哗，濯锦清江浪不花。
词客吟成藏胜稿，山园宾至忘分茶。
几多文藻先空宅，那复渔人可访家。
兵马关河无限憾，且开心眼读南华。

首联“刁斗”指古代军队装备。“濯锦清江”为岷江支流。“词客”指参与唱和诸人。“分茶”本指宋代茶艺。陆游诗云“晴窗戏乳细分茶”，亦可指将泡好的茶分而饮之。“文藻”即文采。“渔人”即《桃花源记》中渔人也。“兵马”句言时局。“南华”指《南华经》，即《庄子》。章诗第三首云：

围城不去意无哗，斑到巴山满目花。
涕泪难禁秋士笔，流离苦忆故人茶。
苔封旧宅来江令，兵阻轮台忆汉家。
戎马公私艰苦尽，几时洗甲月能华。

首联“围城”指重庆。颔联“秋士”常与“春女”相对，俱是伤感之人。“故人茶”取旧交似茶之意。“江令”句用南朝江总（字总持）典故。“轮台”指地名。“洗甲”指战事停止。章诗第四首云：

为宣佛号请无哗，昙不千年不肯花。
偶似风流同觅句，还因泉好促烹茶。
公参汉代儒林传，书访秦朝博士家。
一老巍然荣县在，执经敢诿鬓先华。

首联“佛号”指诸佛名号。据佛典记载，优昙花开花时间为三千年。“还因”句言茶泉关系，实指两人交情匪浅。《儒林传》作者为史学家班固。“博士”指专精一艺的职官，分类设置。后世也用“茶博士”代称茶馆工作人员。“一老”指赵熙，章诗原注“此首言尧老翊云师弟之盛”。赵熙是前清监察御史，诗书并佳，向楚、江庸、周善培诸人都是赵门杰出弟子。第五首云：

阶前容与语微哗，话到前朝姊妹花。
蛤蜊斋中名士印，网师园内美人茶。
人从国字先生学，书达山中宰相家。
却忆年时歌哭惯，满头都染旧春华。

首联“姊妹花”原注“指上海林黛玉”，乃沪上名妓。“名士印”原注“江建霞先生衡文捺‘建霞鸣凤共赏之’印，鸣凤夫人名”。江标字建霞，其夫人叫鸣凤。苏州网师园始建于宋，数易其主。章士钊诗中提到的园主指李鸿裔，字眉生。“美人茶”原注“李眉生先生有名妾为某伪王姬，叔海先生犹及见之”。章士钊和诗里提起这段往事，乃因江庸幼年随父江翰（字叔海）入吴，住苏州西美巷，旁边就是网师园。“人从”句原注“谓先德”，指章家先人在四川

江庸诗提及杭州。图为杭州西湖，韩秀供图

书院任职事。“宰相家”句原注“谓尧老”，即赵熙（字尧生）。

1939年5月29日下午，冯玉祥访李烈钧。据冯氏说法，李刚来重庆不久[1]。当天晚上，邹海滨做东，为李洗尘，冯玉祥、覃振皆在座。6月9日，冯玉祥渡江到余家祠堂，与李烈钧、覃振、章士钊、章可、刘震环共进午餐。章士钊拜访李烈钧应该就发生在这段时间。章赠李诗云：

东武吟成且勿哗，平生孤绩异时花。
并无李白为题句，可有樵青代煮茶。
闻乐辄思湘水曲，偕姬闲访野人家。
汉朝飞将甘泉诏，数定穷边没岁华。[2]

李烈钧（1882 — 1946），字协和，号侠黄，江西武宁人。与李根源、李宣倜、程潜、孙传芳、孙道仁等同为日本陆军士官学校第三期毕业生。“东武吟”，诗名，陆机、李白都写过同题诗。“异时花”，没有按时令开放的花。唐人张志和曾将唐肃宗赏赐的两名奴婢配为夫妇。男名渔僮，负责钓鱼；女名樵青，负责煮茶。“湘水曲”，指古琴曲《潇湘水云》，南宋人郭沔创作于元兵侵宋之际。“汉朝飞将”本指汉代“飞将军”李广，此处代指李烈钧。

与重庆市民一样，躲警报也是章士钊那时必须面对的现实问题。

1　见《冯玉祥日记》（江苏古籍出版社，1992）第五册，第660页。
2　见《章士钊诗词集 程潜诗集》（湖南人民出版社，2009）第62页。

重庆涂山寺，李文婧供图

乔木型茶树，澹雅供图

章诗《携选诗一卷至李子坝陶宅避警主人不在》[1]正是真实写照。

江边邪许助喧哗，对面依岩屋角花。
地有主人虽种竹，我携诗卷独评茶。
宴游刻画东阿国，山水平章大谢家。
吟久未闻清角厉，起寻归路月微华。

李子坝在重庆郊外。“江边”句言江水拍岸发出声音。“对面”句言远远就看见岩下屋角生长的花。“地有”句言主人在宅边种满了竹子。“我携”句言作者喝茶读诗集。章氏携诗卷到郊外避空袭警报的场景，与钱穆在蒙自携史料到郊外如出一辙。钱等人准备了茶水，章则品茶读诗，这气质拿捏得很准。“宴游”句指章与主人避难日本的旧事。“东阿国”指位于太平洋西部的日本。“大谢家”指山水诗人谢灵运。尾联言警报解除，寻路归家。

章士钊初住重庆上清寺，复寄居在覃振、黄一欧、于右任、杜月笙家。覃是国民政府司法院副院长，家在歌乐山。黄是黄兴之子，家在北碚。于右任时任国民政府监察院院长，家在龙洞口五号。杜家在重庆南岸黄桷椏。除了唱和赠诗，章士钊所写部分斗茶诗委婉地表达了心事。

窗外池塘鼓吹哗，窗前小几胆瓶花。
清谈有客供粽笋，病渴无心辨斗茶。
靖节先生五柳宅，腾空道士碧山家。

1　见《章士钊诗词集 程潜诗集》（湖南人民出版社，2009）第25—26页。

蔡锷、李烈钧、李根源等人都与护国起义有关。图为昆明护国起义纪念碑，作者摄于 2018 年

幽人素女今何在，削迹行吟送岁华。[1]

首联以“鼓吹”比喻蛙声。“清谈”句言以粽子招待来客。“病渴”句言身体欠佳无心分辨茶品。“靖节”句典出陶渊明所写《五柳先生传》。“腾空”句典出李白《送内寻庐山女道士李腾空二首》：“君寻腾空子，应到碧山家。”[2]尾联用“幽人素女”统称隐居者。“削迹”句言隐身作诗度日，但同样要面对“屋邻禁省洞为家”和“纵有吟情鬓亦华”的现实。时重庆多空袭，以防空洞为家是实情。章诗《南泉归后书感》也是斗茶诗，其中“寥落渝州难自遣，更愁斜日对春华”[3]形象概括了他寓居重庆的整体情绪。“春华”句原注“渝州被轰（空袭）多在黄昏”。

远在荣县的赵熙与江庸诗信往来不断，但因身体欠佳，直到江庸回到重庆，才加入唱和行列，一出手就是四首[4]。第一首诗云：

花心蜂子不成哗，缓缓吟归陌上花。
旧感青门珠络鼓，新诗明月玉川茶。
郊扉且复开重庆，酒店何须问万家。
早定五通桥上宅，访君双桨下牛华。

1　见《章士钊诗词集　程潜诗集》（湖南人民出版社，2009）第 43 页。
2　郁贤皓校注：《李太白全集校注》（凤凰出版社，2015）第七册，第 3365 页。
3　见《章士钊诗词集　程潜诗集》（湖南人民出版社，2009）第 56 页。
4　赵熙：《翊云总长十九叠花茶韵，愈出愈奇，心如玉合子，真觇天巧，率赋四篇，益彰来诗之美耳》，见《蜀游草》（大东书局，1946）。《赵熙集》亦收录这四首诗，部分字句与《蜀游草》不同。

首联“花心”句原注“锦城歌者”。“缓缓”句典出吴王写给爱妃书信“陌上花开，可缓缓归矣”。苏东坡据此作《陌上花三首》：“陌上花开蝴蝶飞，江山犹是昔人非。遗民几度垂垂老，游女长歌缓缓归。”[1]颔联“青门”原指长安东南门，诗中代指京城东门。“玉川茶”典出唐代卢仝《七碗茶歌》。“郊扉”即郊外住宅。尾联“牛华”指牛华溪，与五通桥俱属今乐山市。王献唐 1938 年入蜀过五通桥，在日记中写道：“五通桥为沿岷江之巨大市镇，循江岸长约三里许，有马路通嘉定，地产盐，商业极盛。下船偕翼鹏步入镇内，有邮局，有书店，务业略备。马路数条，类以石灰打成，颇宽整。”[2]江庸从成都回重庆的途中，特意在五通桥短暂停留，访友顺带考察房屋。所以赵熙才会在诗中提到“早定五通桥上宅”。赵诗第二首云：

剥啄无人鸟自哗，百花生后百重花。
小春应节祈甘雨，老衲将诗送苦茶。
画水流光将上巳，谈经与义作雠家。
同官载酒春郊绿，眷眷东京说梦华。

首联“剥啄”为拟声词，言敲门声。“百花”句原注“敝庐杂花正盛”。“老衲”句原注“峨眉果玲师昨以诗馈苦茶恰凑诗料”。“上巳”即上巳节，俗称“三月三”。“谈经”句原注“病中颇亲佛乘”。尾联原注：“清时，仆在都察院，公官大理，山腴在中书，同官作社今无几人矣。”赵诗第三首云：

---

1 张志烈等主编：《苏轼全集校注》（河北人民出版社，2010）第二册，第 984 页。
2 王氏《双行精舍日记》，转引自《王献唐年谱长编》（华东师范大学出版社，2017）第 770 页。

夜雨铜瓶取众哗，晓看苔实尚流花。
喜闻莺语天开霁，已断羊脂暖送茶。
内史娱宾谁作禊，衮师有妇想宜家。
总持远愧梁江总，得句江城转法华。

首联“夜雨”句言以铜瓶盛雨声响不断。“晓看”句言雨水在苔花流淌的样子。“喜闻”句言雨后天晴莺鸣也悦耳多了。“羊脂”为中药。“已断”句原注“油茶也，频年服以御寒”，即服油茶取暖。“禊”为水边祭礼，有春禊、秋禊之分，也是文人雅士聚会的日子。“衮师”句原注“十六子半月后将于省门完婚”。赵熙第十六子即赵元凯。“法华”指《法华经》。赵诗第四首云：

耳聋翻听蚁争哗，病起清明眼更花。
老去医方从水药，春归吟事过山茶。
鹃催荏苒千畦雨，燕入寻常百姓家。
头白江淹才不尽，只怜梁益剩中华。

“老去”句原注“改信中医”。“春归”句指观赏茶花吟咏怡情。“荏苒”本义指植物，用以形容时光流逝。成语“江郎才尽”主角正是江淹，“头白”句反用其意，旨在称赞江庸。“只怜”句言祖国大好河山被日寇践踏，如今只剩下西南数省。曹经沅亦说：“今日西南撑半壁，可容吾辈老书丛。”[1]可与赵熙诗相参观。

1　见曹经沅：《借槐庐诗集》（巴蜀书社，1997）第186页。

重庆磁器口，孙剑供图

重庆夜色，张顺供图

江庸《得香宋师书并诵和章喜呈一律》正是回复上述赵熙四诗的。

瓦釜争鸣鸦乱哗，空将笺纸浣桃花。
失群塞雁方求侣，学语宫鹦解唤茶。
堪痛玄黄龙战野，不知王谢燕谁家。
旭川一水无多路，乘兴还来揽物华。

首联“瓦釜”典出《楚辞·卜居》：“黄钟毁弃，瓦釜雷鸣。”[1]“桃花笺”指唐代女诗人薛涛居成都浣花溪所制笺纸。颔联“失群塞雁”多见前人诗中，南北朝庾信诗云：“失群寒雁声可怜，夜半单飞在月边。”[2]唐人卢照邻也有《失群雁》诗。鹦鹉能模仿人说话，前人惯作诗咏之，或让其言，或让其闭嘴，皆因诗人情志不同。“唤茶”即“鹦鹉唤茶”之意，余怀《板桥杂记》曾提及，曹雪芹《夏夜即事》也云：“倦绣佳人幽梦长，金笼鹦鹉唤茶汤。”[3]颈联“玄黄龙战”出自易经，郭沫若、柳亚子所作斗茶诗亦用此典。“王谢燕”用以言世事变迁。刘禹锡《乌衣巷》：“旧时王谢堂前燕，飞入寻常百姓家。”[4]江诗尾联言雅集可期。

时年72岁的赵熙在这次唱和活动中表现出了极高的创作热情。继上述四诗之后，又作《示翊云》[5]。

1 林家骊译注：《楚辞》（中华书局，2010）第182页。
2 逯钦立辑校：《先秦汉魏晋南北朝诗》（中华书局，1983）第2410页。
3 贺新辉：《红楼梦诗词鉴赏辞典》（紫禁城出版社，1990）第189页。
4 见《刘禹锡集》（中华书局，1990）第310页。
5 见《蜀游草》（大东书局，1946），又见《赵熙集》（浙江古籍出版社，2014）第771页，题为《寄翊云》。两集文字相同。

春林处处杜鹃哗，遥想巴园似浣花。

农事苦遭骑月雨，乡人应寄本山茶。

况逢曹邺同佳节，从古江淹是作家。

载酒莫孤行乐地，天回玉垒作京华。

首联“浣花”指锦江支流浣花溪，大诗人杜甫筑草堂于此。“农事”句言遭遇洪涝灾害。“骑月雨”即跨月之雨，言雨量之大。“本山茶”指家乡所产之茶。“曹邺”，晚唐诗人，用来代指曹经沅。“江淹”，南朝文学家，用来代指江庸。“载酒”原注“上巳谷雨同时，又名谢裙节，只宜词矣。惜枯朽，今不能也”。“天回”句化用李白诗“天回玉垒作长安”。李诗背景为安史之乱，唐玄宗入蜀避难。赵诗实指国民政府以重庆为陪都。江庸作《读香宋师再示近诗，十九叠前韵奉报》。

莫管争棋客笑哗，嘉陵春尽柳飞花。

此君轩外宜栽竹，狮子峰头正采茶。

共仰退之如北斗，堪嗤根矩失东家。

醉歌见赏诚非料，风格何曾似薛华。

首联“争棋客笑哗”典出陆游《村兴》诗：“争棋客正哗。”“宜栽竹”原注“前访此君轩，不见一竹”。“此君轩”为荣县胜迹，系嘉祐寺僧祖元所建，赵熙《此君轩》云：“宋代地传嘉祐寺，元师手辟此君轩。题诗有幸逢山谷，好古何人到许源。”[1]赵熙提到的山谷诗指黄庭坚所作《寄题荣州祖元大师此君轩》：“霜钟堂上弄秋月，微风入紕此君说。”[2]“此君”亦用来代称竹子。1939 年春，江庸割走赵家纸窗时也说“此君轩下喜重来”。综上，江诗的“此君轩”有实有虚，实指古代建筑，虚指赵熙家。因赵家用丛竹画作纸窗，亦有钦慕前贤风骨之意。“采茶”句原注“不到杭州两年矣”。颈联“共仰”句用韩愈（字退之）典故，韩愈是一代文宗，“文起八代之衰”，世人望之如泰山北斗，江庸用以代指赵熙。“堪嗤”句用东汉人邴原（字根矩）求学典故。“东家”即东家丘，邻居用以称呼孔子，因其不知孔之价值。江诗言“失东家”指离开老师赵熙。“薛华”典出杜诗：“座中薛华善醉歌，歌词自作风格老。”[3]

赵熙回复江庸的诗有两首，第一首题为《奉和翊云参政》[4]。诗云：

五通过夏避群哗，春物看看到楝花。
李白且留仙侣醉，樵青稍欠老人茶。
旧交何忍为新敌，弼士无闻况法家。
一是口中衔石阙，还君逸事擅雕华。

1　见 1987 年版《荣县文史资料选辑》第 5 辑，第 70—71 页。

2　刘尚荣校点：《黄庭坚诗集注》（中华书局，2003）第二册，第 470 页。苏轼也有《此君轩》《西湖寿星院此君轩》等诗，写的则是杭州名胜，与该诗所说不同。

3　仇兆鳌注：《杜诗详注》（中华书局，2015）第 251 页。

4　赵熙《奉和翊云参政》和下文《翊云十数叠花茶韵，镂琼凿玉，赞叹之深，再布其丑》，均据《蜀游草》（大东书局，1946）。两诗收入《赵熙集》（浙江古籍出版社，2014），第 777—778 页，题为《和翊云二首》。

草木无所争，檟珉供图

重庆嘉陵江，张顺供图

首联“五通”即上文提及的五通桥。“楝花”常在春末夏初开花，属节令花。“李白”句原注“斗酒百篇之意”，即期许雅集盛况。“樵青”典出唐人张志和典故。赵诗“樵青”句原注：“姜西溟批初白诗谓：打入此老心坎。此老西溟自谓也。”姜西溟是康熙年间探花郎，擅长书法。“初白”即查慎行，金庸（查良镛）先祖。赵熙曾寄诗江庸：“公今一代查初白，论定文章拨乱才。”[1]颈联“旧交”句言从前旧识沦为汉奸。“弼士”“法家”即“法家拂士”，多谓王佐之才、治世良臣。尾联“一是”句典出《读曲歌》：“奈何许！石阙生口中，衔碑不得语。”[2]意即无话可说，盖因内心苦痛。从前朋友变成汉奸，于私于公都是难过之事。赵熙虽言“口中衔石阙”，还是对江庸吐露了心事，可见两人关系之亲密。

赵诗第二首题为《翊云十数叠花茶韵，镂琼凿玉，赞叹之深，再布其丑》。

送诗人惯打门哗，拈韵轻于捉柳花。
别后美人千里月，文如翻水一瓯茶。
南音久断飞鸿夕，东作应寻抱犊家。
有约褉潭犹未果，禅天何日会龙华。

首联“送诗人”即传递和诗之人，也可能是邮差。“捉柳花”多见于唐宋人诗中，用来表达闲适轻快的心情。“拈韵”与“限韵”相对。斗茶诗唱和皆是次韵，比拈韵难多了。笔者初读此诗时，对“别

1　赵熙：《得翊云书劝后约》，载《赵熙集》（浙江古籍出版社，2014）第748页。
2　余冠英：《乐府诗选》（中华书局，2012）第128页。

后美人千里月，文如翻水一瓯茶”印象深刻。因月寄相思，文思如茶，都是美好之事。“别后”句典出谢庄《月赋》：“美人迈兮音尘阙，隔千里兮共明月。”[1]赵熙《和纕蘅》云“两地且同千里月”[2]，《寄纕蘅》又云“谢郎对月思千里”[3]，用的都是同一个典故。“抱犊”比喻隐居。“有约”句指缪秋杰约江庸、曹经沅三月相约贡井雅集事。因重庆遭遇大轰炸，两人未如期赴约。佛教有“龙华三会”之说。尾联言不知何日才能再聚。

江庸对赵熙“旧交何忍为新敌”句感触很深，只因身边的例子比比皆是：章士钊友人汪精卫、陈衍弟子梁鸿志皆投敌，赵熙旧交郑孝胥出任伪职。江庸从上海逃到香港避难，直接原因就是汉奸温宗尧等人威逼利诱。江庸作《读香宋师赠诗有“旧交何忍为新敌”之句忽有所感》[4]旨在劝慰诸友保持气节。

雀噪乌啼一阵哗，飘茵堕溷总怜花。
相思渐灭怀中字，甘味应回去后茶。
尚冀郎心收覆水，莫歆春色在邻家。
衣香鬓影匆匆逝，回首芳尘祇梦华。

首联言雀叫乌啼，落花坠落在污秽物上。“怀中字”典出“祢衡怀刺”，本意指才子祢衡带着名刺，却找不到可以拜访的人，久而久之，名刺上的字都模糊了，这里指思念之深切。茶有回甘，饮

1　见《赋珍》（山西高校联合出版社，1995）第122页。
2　见《赵熙集》（浙江古籍出版社，2014）第762页。
3　见《赵熙集》（浙江古籍出版社，2014）第755页。
4　江庸：《蜀游草》（大东书局，1946）题为《无题二十一叠前韵》。

后方知，要悟道机锋，也要有人点拨，故名“去后茶”。前人说“覆水不收，宜深思之”。唐人王驾诗云：“蜂蝶纷纷过墙去，却疑春色在邻家。”结合时代背景及江、赵唱和之诗来看，“尚冀”句当是劝人三思而后行。“莫歆”句意在劝慰朋友们洁身自好，不要失足当汉奸。

刘成禺（1876—1953，字禺生，武昌人）时住重庆的七星岗，从江庸那里读到斗茶诗，作《和翊云》一首。

细兑封诗仆戒哗，瓶馨知放雨三花。
羁人来学将飞燕，清友言如初煮茶。
巴国江声高有枕，锦城春色艳谁家。
妙君归兴仍专壑，琢韵风情鬓尚华。

首联言参与和诗之慎重及居室环境。“羁人”指避乱入蜀者。“清友”句以茶喻人（言）。“巴国”指重庆。“锦城”指成都。尾联“专壑”为“擅壑专丘”省语，指纵情山水。刘氏一生经历丰富，见闻广博，宫闱秘事，典故逸事，往往讲得头头是道。刘著《洪宪纪事诗》记录袁世凯称帝前后事。赵熙作《书刘禺生洪宪杂事诗后》赞其为诗史。

哑然梦影戏园哗，剪彩空妍镜里花。
窃国自娱忘坐草，望梅止渴枉输茶。
乱时客半无男性，本事诗成号史家。
天上一星芒角出，合镌小凤上茗华。

首联言袁氏称帝不过梦影空花。颔联言袁氏窃国不过空欢喜一场。赵诗颈联赞《洪宪纪事诗》为诗史。尾联所说，即蔡锷借京城名妓小凤仙打掩护，由天津转道日本回云南护国起义事。刘成禺《洪宪纪事诗本事簿注》云："当关油壁掩罗裙，女侠谁知小凤仙。缇绮九门搜索遍，美人挟走蔡将军。"[1]

重庆人戴正诚与赵熙有交，赵熙《答亮集》也作于这一时期。

弹琴安道别无哗，高阁风帘揭枣花。
盛事已修年谱蒿，清诗还领壑源茶。
近但晨夕曹秋岳，苦忆君王谢克家。
知向水楼谈往事，春风词笔寄瑶华。

戴正诚（1883—1975），字亮吉、亮集，重庆洛碛人。赵诗首联用东晋隐士戴逵（字安道，工画善琴）代指戴正诚。"高阁"句言风吹起帘子，窗外的枣花映入眼帘。"盛事"句言戴氏为其岳父修年谱事，是谱 1927 年编毕。"壑源茶"是宋代名茶，产于福建。苏轼《次韵曹辅寄壑源试焙新芽》："仙山灵草湿行云，洗遍香肌粉未匀。明月来投玉川子，清风吹破武林春。要知冰雪心肠好，不是膏油首面新。戏作小诗君一笑，从来佳茗似佳人。"[2] 曹溶（1613—1685）字秋岳，工诗词，闲居期间撰《倦圃莳植记》谈花木种植，言晨夕浇水事。谢克家（1063—1134）字任伯，工诗擅书，有"忆君王，月破黄昏人断肠"句。

1 刘成禺、张伯驹：《洪宪纪事诗三种》（上海古籍出版社，1983）第 169 页。
2 张志烈等主编：《苏轼全集校注》（河北人民出版社，2010）第五册，第 3551 页。

赵熙、曹经沅（1892—1946，字纕蘅，绵竹人）一向诗信不断。此前，曹作《香宋翁枉诗见及，赋答》《次韵奉酬香宋翁见怀，时南浔大捷》，所谓“南浔大捷”就是发生在1938年九十月间的万家岭大捷。另一首曹诗题为《香宋翁病起，枉诗见及，次韵奉酬，并申上巳之约》[1]，该诗韵脚与斗茶诗不同，可能是早前订下约会。赵熙作《柬纕蘅》，旨在邀请曹经沅参与斗茶诗唱和。

似闻歧路客方哗，且坐消闲看落花。
江令草堂初返棹，石泉槐火互烹茶。
巴歌大好翻新曲，余耳何堪作怨家。
一代主监诗史在，赖君文苑集英华。

首联“歧路”用“歧路亡羊”典故。颔联“初返棹”言江庸刚从成都返回重庆。“石泉”为茶诗常用词。唐人温庭筠诗云：“采茶溪树绿，煮药石泉清。”[2]宋人仇远诗云：“沧海桑田非旧日，石泉槐火有新诗。”[3]“槐火”指用槐木生火。颈联“巴歌”总称川地之曲。尾联“诗史”是中国古典文学的重要批评概念，在不同历史时期，其意蕴不尽相同。中国历史上，诗作能被冠以“诗史”称号者，都是一代名家，如曹操、庾信、李白、杜甫、白居易、苏轼、元好问、文天祥、钱谦益、吴伟业[4]，等等。在赵熙看来，刘成禺和曹经沅的诗作也可称为诗史。

1　见曹经沅：《借槐庐诗集》（巴蜀书社，1997）第190页。
2　见刘学锴校注：《温庭筠全集校注》（中华书局，2007）第638页。
3　《仇远集》（浙江大学出版社，2012）第146页。
4　见张晖：《中国“诗史”传统（修订版）》（生活·读书·新知三联书店，2016）第333—337页。

曹经沅长于诗才，曾主持《采风录》栏目，负责遴选、发表各地旧体诗。全国诗坛交游遍殆，凡前辈耆宿、各地健将、俊彦新秀，均与曹有交情，曹被视作“近代诗坛的唯一的维系者”[1]。赵诗尾联即褒扬曹经沅的诗坛地位和影响力。《文苑英华》是北宋时期编撰的大型诗文总集。“赖君”句对曹的评价和期许都非常高。因久不见曹氏和诗，赵熙又让江庸出面相邀。江诗云：

巷深不觉市声哗，五度梅园共赏花。
居近易商行箧稿，去迟屡换入瓯茶。
不妨止酒如陶令，何必吟诗定杜家。
无复软红尘扑帽，令人惆怅忆东华。[2]

首联言巷子幽深故而听不到市集吵嚷声。江、曹同在重庆，因地利之便，常同携出游赏梅。曹经沅《任园看梅同翊云三首》即是对这些赏梅经历的记录。“居近”句言两人住处相近磋商诗稿很便利。“去迟”句表面言茶换数次，实际是催其赶紧参与斗茶诗唱和。颈联“陶令”即陶渊明，有《止酒》诗。“何必”句原注“杜荀鹤诗‘他日亲知问官况，但教吟取杜家诗’”。尾联典出苏轼《次韵蒋颖叔钱穆父从驾景灵宫二首》：“半白不羞垂领发，软红犹恋属车尘。”苏轼有注云：“前辈戏语，有西湖风月不如东华软红香土。”[3]软红香土即飞扬之尘土。曹、江都有在京城为官经历，所以才会惆怅追忆。

1　曹经沅：《借槐庐诗集》（巴蜀书社，1997）第 271 页。

2　江庸：《《香宋师命邀纕蘅同作花茶韵诗，久未见示。诗以促之》，载《蜀游草》（大东书局，1946）。

3　张志烈等主编：《苏轼全集校注》（河北人民出版社，2010）第六册，第 4070—4071 页。

曹经沅平时公务繁忙，赵、江几番催促还是不见和诗。虑及上巳之约，赵熙与缪秋杰一合计，还不如把人请到贡井来，喝酒喝茶，谈天论诗，岂不更方便。这便是成都雅集之后的贡井之约。

贡井之约：白首亲知酒当茶

贡井之约，借的是缪秋杰名义，以诗代柬者却是赵熙。走笔至此，有必要交代缪赵关系。1928 年，缪秋杰（1889—1966，字剑霜）从昆明回京。次年 11 月入川履新，短短 10 个月就因派系斗争被迫离川。1935 年 9 月，缪氏二次入川，出任四川盐务稽核分所经理，并兼四川盐运使、川盐销区总视察，后高升盐务总局总办。1937 年，缪氏主持修建荣井公路，时值灾荒。缪氏以工代赈，既修了路，又填饱了灾民的肚子。为了表彰其功绩，当地人请赵熙书幅谢之。缪氏登门道谢，两人由此相识，成为密友。是次贡井之约，赵熙分别寄诗给三个人，即江庸、曹经沅、戴正诚。

赵熙寄江庸诗题为《秋杰使君有约特寄翊云参政》。赵、江有师生之谊且赵是江的长辈，诗题却以江庸担任的社会职务来称呼他。这是非常正式的邀请。诗云：

竹箫吹过卖饧哗，人恋芳樽蝶恋花。
恰喜使君能爱客，颇闻安定借供茶。

1926 年，缪秋杰（字剑霜）等人游安宁石刻，作者摄于 2018 年

从来曲水湔裙路，醉异秦淮卖酒家。

待坐冷红图画里，洛妃宜不惜铅华。

首联“竹箫”指乐器。“芳樽”指精美酒器，用来指代美酒。“借供茶”原注“订住胡氏怡堂”，“怡堂”指自贡盐业世家胡氏家族“慎怡堂”，胡、赵两家是儿女亲家。“秦淮”在旭水河上，非南京秦淮河。“待坐”句原注“亮吉订携冷红填词图征题句”，“亮吉”即戴正诚，《冷红填词图》是戴氏岳父所作。“洛妃”指洛水女神。“铅华”指女子所用化妆品，或指代其青春貌美。

赵熙寄曹经沅诗题为《秋杰有约寄纕蘅 怡堂之游》[1]。诗云：

仇国谯周士论哗，时时新样别开花。
悬知破判如分竹，旧负传宣坐赐茶。
此日市情真一哄，惭予诗学守千家。
风流切望曹能始，一夜青山漱井华。

首联“谯周”为三国时期蜀汉大臣，著《仇国论》劝刘禅不战而降。赵熙借此斥责汪伪投降派。时人斥汪比赵熙更直接：“河山卖尽卖风云。”（《讨汪逆兆铭》）“赐茶”或指皇帝向臣子或使节赏赐茶叶，或指宫廷茶宴。“千家”句原注“公应一噱”。“一夜”句原注“能始此诗李越缦所极赏”。“曹能始”本指明代文学家曹学佺，著有《蜀中名胜记》，此处用来指代曹经沅。

赵熙寄戴正诚诗题为《缪秋杰使君约聚公井特寄亮集词兄》。诗集中“词兄”二字用得讲究。这份交情与戴正诚岳父郑文焯有关。郑文焯（1856—1918），字俊臣，号叔问，辽宁人，著有《冷红词》。郑、戴是翁婿关系，戴给岳父编撰过《郑叔问先生年谱》。赵熙与郑初识于苏州，一向钦佩他的词学成就。与赵、郑皆有交往的梁启超甚至将郑与纳兰性德相提并论。诗云：

纷纷鹅鸭比邻哗，满地榆钱不当花。
燕子已巢江上木，龙团别制御前茶。
且看玉局翻棋谱，休指红楼误妾家。

1　见《赵熙集》（浙江古籍出版社，2014）第772页。

并讯匡山读书处，倦闻莺语着宣华。

首联“榆钱”为植物，可药可食，遇灾年也可充饥。颔联“龙团”指宋代贡茶龙团凤饼。“妾家”典出李白《陌上赠美人》。“并讯”句原注“奎安令子健夫不审归渝否，乱来无通书处，希公代致”。“奎安”等都是赵熙重庆旧交。由于资料缺失，笔者无法确定戴正诚是否作诗回复赵熙。曹经沅是大忙人，这次也没及时复诗。江庸诗题为《奉香宋诗赐诗，知秋杰将迎师至自流井，并约纕蘅及余同往，赋呈香宋师二十叠前韵》。

剥啄休惊户外哗，书来约赏洛阳花。
同游当立程门雪，断饮翻宜顾渚茶。
待展莺花春日社，定邀鸡黍故人家。
白头师弟频相聚，此事年来可自华。[1]

首联“赏洛阳花”意即相约雅集。颔联“同游”句典出“程门立雪”，意在尊师。“顾渚茶”为唐代贡茶，此处非实指。颈联“春日社”即春社，为传统民俗节日，也是文人雅集的日子之一。“定邀”句典出唐人孟浩然《过故人庄》。江诗原注“谓少权兄弟”，即胡铁华幼弟胡少权。尾联言聚会可期。

1939年农历三月十五(5月4日)赵熙到了贡井。缪因事赶去重庆，行前告诉赵熙将面请江庸、曹经沅同来相聚，让他安心在怡堂住下。赵熙有诗记录这次贡井之行。诗云：

1　见江庸：《蜀游草》（大东书局，1946）。

车子如飞稚子哗，夜堂张宴烛生花。
清和佳节交春夏，宾主芳筵列笋茶。
颇惜山云天又雨，长愁妖火市为家。
巴渝一路轮生角，月色天池望素华。[1]

自贡盐场有东场（属自流井）、西场（属贡井）之说，分别产川盐和花盐。胡家怡堂在贡井。首联“车子”句言旅途情况，“夜堂”句写胡家接待情景。“清和”句原注“明日立夏”，即农历三月十六日（5月5日）立夏。“宾主”句指客来奉茶礼仪。“笋茶”，一般指唐代贡茶紫笋茶，产于浙江湖州。雅安亦产紫笋茶，陆游“自烧沉水瀹紫笋”[2]即指此茶。赵诗“笋茶”指以好茶待客，未必实指上述二茶。颈联两句写天气情况。“巴渝”句原注“诸君因事未至”，即江庸、曹经沅、戴正诚没有如约赴会。“天池”位于胡氏怡堂后山。

农历三月十六日为公历5月5日，时值立夏。西场（贡井）何知事获知赵熙到怡堂消息，设宴款待。赵熙作《次日西场何知事招饮》[3]记录。

终日啼鸠不觉哗，石阑红韵小盆花。

1　赵熙：《到怡堂三月十五》，见《赵熙集》（浙江古籍出版社，2014）第773页。本诗1939年发表时，题为《旧三月半，缪使君见迎到公井，云当约江曹戴同聚，晚歇胡氏怡堂》，个别字词不同。

2　《剑南诗稿校注》（浙江古籍出版社，2016）第一册，第318页。

3　见《赵熙集》（浙江古籍出版社，2014）第775页，此诗题为《立夏寄翊云》，因上诗云“明日立夏”，即十六日为立夏日。

荷钱出水方舒叶，竹露流香可代茶。
望断渝州君不见，惨然天宝客无家。
君如何逊扬州主，谁道诸夷不断华。

首联言胡氏怡堂居所环境。“竹露”句言竹露清香可以与茶香媲美。前人用荷叶熏茶，名荷叶茶，沈复《浮生六记》中芸娘即如此制茶。“望断”句未见之人即江庸、曹经沅、戴正诚。“惨然”句用安史之乱的典故。“谁道”句原注“是日闻重庆大劫”。这场空袭大劫难非常惨烈，诗人杨云史说：“一夕备万棺，梓人工弗给。崇朝一路哭，哀声出万室。”“咄咄杀人器，所至劫灰积。一发山陵崩，再发鸡犬绝。噫我巴渝民，血肉倏狼藉。”[1]

重庆大轰炸发生于5月3—4日。消息传到怡堂已经是5月5日。日军当天以27架机为一个编队，编队呈人字形或品字形，飞行高度为3500—5500米，每机携带750—1000千克燃烧弹，部分携带800千克炸弹。98式25号炸弹爆炸时会产生约10 000块弹片，弹片飞出角度为15—25度，在45—200米的距离之内，人或死或伤。96号炸弹燃烧温度2000—3000摄氏度，可持续燃烧15分钟，连水泥板都能烧穿。事后统计，重庆27条街被炸毁19条，炸死4440余人，炸伤3100余人，炸毁房屋1200余幢。[2]

重庆大轰炸发生之际，林思进居河湾。闻听消息作诗直抒胸臆：“渝州既作咸阳烬，成都岂免焦原煎。万家星火迫疏散，一夕魂梦

1 见卢前主编《民族诗坛》第三卷，第三辑。
2 见《川魂 四川抗战档案史料选编》（西南交通大学出版社，2015）第19页。

自贡市燊海井，蒋鹏供图

纷倒颠。江燕巢林蚁雨迁，伤禽往往闻惊弦。我家十口寄何处，道路仓皇犀浦边。”“咸阳烬”即指重庆大轰炸。“犀浦边”句指林和其他成都民众一起被迫疏散。赵熙《怡堂闻警》则写于重庆大轰炸之后。诗云：

蓦地飞枭梦里哗，起看墙角月移花。
对山一点犹留火，欹枕中宵不耐茶。
妖寇岂知尊党国，秦坑何惜绝儒家。
槐阴即是鸡鸣埭，记取沾衣泫露华。[1]

首联“飞枭梦里哗”指敌机空袭扰人清梦。“枭”代指敌机。“不耐茶”指茶喝多了影响睡眠。“妖寇”指日本侵略者。“秦坑”指秦始皇焚书坑儒事，极言残暴。尾联“鸡鸣埭”为地名，位于南京。唐人温庭筠作《鸡鸣埭曲》讽刺齐武帝亡国事。李商隐《南朝》也说：“玄武湖中玉漏催，鸡鸣埭口绣襦回。”[2]《怡堂闻警》既言当局昏聩也言不要对侵略者抱有幻想。

缪秋杰没有见到江庸和曹经沅，完事返回自贡，并将重庆见闻如实告知赵熙。赵心情郁闷，泛舟旭水并作诗抒怀。诗云：

蜂子能喧蝶不哗，各成生性不离花。
黄梅时节晴兼雨，白首亲知酒当茶。
卓荦独身排大难，凄凉六郡本良家。

1　见《赵熙集》（浙江古籍出版社，2014）774 页。
2　冯浩笺注：《玉溪生诗集笺注》（上海古籍出版社，1979）第 683 页。

自贡市桓侯宫，又称张飞庙，蒋鹏供图

野人只唱升平曲，画舫相将伫月华。[1]

旭水河发源于荣县大尖山，从贡井城区蜿蜒流过，风景佳处名曰“八里秦淮”，即前述赵熙寄江庸诗所谓“醉异秦淮卖酒家”实指的地方。“酒当茶”即“以茶当酒”，典出《三国志·韦曜传》，本诗限于“茶”韵，故次序颠倒，写作“酒当茶”。“凄凉”句原注“少权曾办兵役，言之怆然”。“升平曲”即太平赞歌。尾联有杜牧诗“商女不知亡国恨，隔江犹唱后庭花”意味。缪秋杰期间邀请赵熙同游三多寨，赵以身体抱恙为由拒绝，并于当天晚上返回荣县。

耳鸣不为外人哗，静数春风次第花。
惨戚大城三月火，破除噩梦一杯茶。
回车百里便乡路[2]，入市群峰聚亲家。[3]
临去水塘还惜别，松风水月比清华。[4]

胡氏怡堂规模宏大，赵熙居住的地方叫“别峙弦馆”。首联言看花排遣心中苦闷。颔联中的“三月火”即上面提及的重庆大轰炸。“一杯茶”言因噩梦惊醒，饮茶定神，可能是记录生活习惯，也可能是用茶字韵。颈联“回车”句言回荣县事。“亲家”句原注“去

1　赵熙：《缪使君归述渝劫綦详，劫后交通隔绝不晤曹侯矣，晚泛舟旭水》。

2　《赵熙集》作：竹深鸟语催归思。

3　“亲家”句原注“去声见唐诗”。

4　此诗在1939年出版的《制言》上题作《使君约游三多寨以微疴谢之傍晚归荣》。在《赵熙集》中题作《别峙弦馆在怡堂寓此》，除颈联作“竹深鸟语催归思，世乱蜂群聚故家”外，其他几联相同。可以肯定的是，赵熙所作斗茶诗，后来大多被修改过。王仲镛90年代编辑《赵熙集》，可能没有见到这些发表在《制言》月刊上的诗，无从校勘，是以两个版本的诗有所不同。

声见唐诗”。尾联言告别场景。唐人说“蜡烛有心还惜别”，盖拟人情态。“松风水月”，着一比字，全臻美妙。“清华”，清澈华美。

是次贡井之约，因重庆发生空袭惨案，曹、赵都没能如约赴会。大轰炸后，情况混乱，通信受阻。戴正诚除未赴约，相关情况更是不详。由于资料阙如，笔者没有找到戴正诚同期所作之诗。从《赵熙集》存诗来看，两人此后应该恢复了联系。赵熙另有两首斗茶诗与戴相关，即《闻亮吉归乐碛有寄》《读亮吉山中诗》。诗中“乐碛”即洛碛镇，位于重庆江北县内，是戴正诚的家乡。

曹经沅平时公务繁忙，贡井之约又因不可抗力爽约了，闻听赵熙返乡立马作诗回复，题为《香宋翁累枉茶韵见及，时闻新返旭川，次韵奉怀，兼示翊云、山腴》。这诗显然也抄寄江庸和林思进了。诗云：

风鹤严城到处哗，杜陵溅泪强看花。
客怀偶放山阴棹，春事初过谷雨茶。
扰扰九州同燹国，栖栖万姓正无家。
渝州近事公知否，多少居人怨月华。[1]

首联“严城”指重庆。“杜陵溅泪”取杜甫《春望》诗意。“山阴棹”典出王微之雪夜访戴。“谷雨茶”即谷雨时节采制之茶。1939 年谷雨为农历三月初二（4 月 21 日）。颈联言时局时事。“渝州近事”指重庆 5 月 3—4 日的大轰炸。“月华”即月光。日军常在

1　见《借槐庐诗集》（巴蜀书社，1997）第 191 页。

槐荫醉茶图，槚珉供图

月明之夜空袭。赵熙复曹诗题为《纕蘅有诗见奖奉答二首》[1]。

鱼山梵呗佛堂哗，诗作香坛不借花。
惨绝么魔生活劫，安然淡饭享粗茶。
传人定自关天相，流寓何当近我家。
愿铸子昂如范蠡，众山涪右表金华。

将军妙画蜀中哗，下笔南熏貌五花。
公更文章能报国，诗如风露更煎茶。
珠林法苑山僧课，绵竹书香国士家。
闻说移居今定否，长安图咏踵增华。

赵诗第一首“鱼山”句原注“佛生日”。据传统，是日要在佛前供花。“诗作香坛”，即以诗作供品之意。“惨绝”句指战乱令人生计难以为继。“安然”句指粗茶淡饭过生活。“传人”句指事由天定才有天助。“流寓”句意在邀请曹经沅移居。“愿铸”句原注“遗山语”。元好问（字裕之，号遗山）《论诗三十首》第八首云：“论功若准平吴例，合著黄金铸子昂。”[2]范蠡，春秋时人，助越王勾践灭吴，功成身退。勾践为表其功勋，令匠人用黄金铸范蠡像置于座旁。“子昂”即陈子昂，初唐诗人，开一代风气之先。元好问将陈子昂革新诗风与范蠡灭吴功业相提并论。赵诗用此典，意在肯定曹氏的诗坛地位，评价很高。

1　见《赵熙集》（浙江古籍出版社，2014）第776页。

2　见《元好问诗编年校注》（中华书局，2011）第52页。

农村藏身于茶树上的土鸡，作者摄于 2018 年

赵诗第二首中的“将军”是用杜甫《丹青引 赠曹将军霸》[1]双关曹经沅。杜诗云“开元之中常引见，承恩数上南薰殿”“先帝天马五花骢，画中如山貌不同”。曹霸是唐代大画家，以画马著称，很受皇帝宠爱，安史之乱后流寓成都，与杜甫相逢，杜同情其遭遇，故有赠诗。赵诗首联意在引出颔联“公更”“诗如”两句，盛赞曹氏文才、诗才。“风露”句喻指曹诗悠然自适，味如煎茶。《法苑珠林》系唐代佛教典籍。“山僧课”意即僧人日常修习的课程。曹氏是四川绵竹人，生于书香世家。“闻说”句问曹氏是否安居。“长安图咏”指京城旧事。1929 年，曹氏移居，得张大千、溥心畬、黄孝纾等绘成《移居图》，海内外数百位诗人以“东、翁”为韵，题咏遍殆，蔚为大观。赵熙、陈衍、由云龙等诗坛名家都有和诗。赵熙寓祝福于怀想往事之中，希望曹经沅安居有宅。

赵熙这段时间寄给江庸诗尚有《寄翊云》《再寄翊云》数首。赵沉迷于创作斗茶诗，与现实和心境都有关，据赵熙致曹经沅信所说：“不佞[2]近来乡居，入城旋又入乡，至为无聊，不免借韵作诗，茶韵计将五十叠矣。”[3]赵居荣县，日有所见，夜有所想，也多用斗茶诗抒怀，如《斋居》《野步》《端阳》《中伏》[4]几首，都基于相同的心绪和背景。

诗人例似候虫哗，庭际原无上品花。

玉术有香宜泡酒，珠兰入伏采烘茶。

1 仇兆鳌注：《杜诗详注》（中华书局，2015）第 949—952 页。

2 赵熙用来称呼自己。

3 见《赵熙集》（浙江古籍出版社，2014）第 1112 页《与曹经沅》。

4 这几首诗均见《赵熙集》（浙江古籍出版社，2014）第 778—779 页。

早知蜂虿能含毒，谁为匈奴不顾家。

一出荜门休过问，破书随我送年华。

首联“候虫”指应节令而生或鸣叫的昆虫，常见者如蝉。颔联“玉术”即玉竹别称，可入药。“珠兰”句即制作珠兰花茶。该茶选用绿茶、珠兰混合制作而成，采摘时间及窨花都有讲究。颈联言日本侵略者狼子野心，必须奋起抗击。“不顾家”，用汉代霍去病“匈奴不灭，何以家为”典故。尾联写居住环境和读书生活。此诗既名《斋居》，乃赵熙对日常生活的描述。

野讴停唱鸟停哗，晚步风香草胜花。

白蛤生凉端午节，黄茅小店老壬茶。

夜阑拨剑歌都护，鬼唱新坟哭鲍家。

一什山僧能寄远，可怜经卷是悲华。

该诗题为《野步》，即在居所附近散步遛弯，类似今人饭毕绕小区走一圈，或去跳个广场舞。颔联“老壬茶”即“老人茶”。现代茶馆尚未兴盛之前，老辈人聚会常用宜兴小壶小杯泡茶饮用，称为“老人茶”。民国年间，上海书场内“老人茶”含义又有所不同，简单来说就是针对特定人群做促销，是书场服务老客的一种方式。书场日常售价每席28文，为了回馈老客，特设席位只收23文，泡茶用瓷壶，区别于常用盖碗，称作“老人茶”。“老人茶”每天限量30人，获此资格的老客连听两回书，也不加价。这里的“老人茶”，其实是“熟人茶”。今普洱茶分为生茶和熟茶。某日，笔者与众友人喝茶，某兄说：生人喝生茶，熟人喝熟茶。众人绝倒。“夜阑”

句化用杜甫《魏将军歌》：“吾为子起歌都护，酒阑插剑肝胆露。”[1]仇兆鳌注杜诗，将其指向乐府旧题《丁都护歌》。李白亦有同题诗作。“鬼唱”句出自李贺《秋来》：“秋坟鬼唱鲍家诗，恨血千年土中碧。”[2]清人纪昀认为“鲍家”指鲍照。“悲华”指《悲华经》。赵熙晚年颇亲佛典。

中伏朝朝白点哗，午风尤损稻扬花。
繁阴似墨笼疏竹，积潦深黄泼酽茶。
满眼石壕知吏治，伤心蒿里尽农家。
幸留雨后登临意，山是修华阁贯华。

首联“中伏”也叫二伏，酷热难当。时值水稻扬花，白点鹛叫个不停。颔联说浓荫掩映着几许疏竹，聚集的深黄色雨水就像酽茶。“满眼”句用杜甫《石壕吏》诗意。“蒿里”典出《蒿里》诗：“蒿里谁家地？聚敛魂魄无贤愚。”[3]“蒿里”，指人的归宿地（坟地），赵诗用以描述农家生存状态。尾联言雨后登临游览以排遣心中苦闷。

佳节仍闻稚子哗，小庭红日自由花。
药香浓煮鸡苏水，茶苦贫充雀舌茶。
老圃分畦如党部，凡民无告是穷家。
边头小吏蛇含毒，身带铜斑脊紫华。

1 仇兆鳌注：《杜诗详注》（中华书局，2015）第223页。
2 见《三家评注李长吉歌诗》（上海古籍出版社，1998）第55页。
3 余冠英：《乐府诗选》（中华书局，2012）第16页。

本诗题为《端阳》，说明时值农历五月初五端午佳节。颔联“鸡苏”又名水苏，可入药，农家也用其制作解渴饮品。历史上，“荼”可解作茶，也可解作苦菜，赵诗言农家生活困难，将荼当作雀舌茶喝。菜园子分成几块如同党部般分明。办事小吏如铜斑纹毒蛇，普通百姓却告状无门，即前人所说“苛政猛于虎”。赵诗写底层民众生存状态，这是斗茶诗创作的又一个重要收获。

重庆大轰炸后，江庸决定去趟乐山，行前在曹经沅家住了十天。曹作诗相送，题为《翊云叠茶韵促予同作，君留予斋十日，将有嘉州之行，次韵送之》。

寂寂闲门雀不哗，君来同扫小院花。
新闻多似春初笋，秀句甘于夜半茶。
谁信黑头犹昨日，翻思彩笔借君家。
乌尤大是安禅地，好与山僧听法华。

首联言居所安静，恰好江庸过访，就住了下来。颔联“新闻”句言各种战时消息如同雨后春笋般冒出来。“夜半茶”句言好诗如同茶一样甘美。颈联“谁信”句言转眼间头发已经白了。“彩笔”句用江淹典故指代江庸。尾联原注：“乌尤寺僧招君往游。”“法华”指《法华经》。

江庸到乐山后乘兴再上峨眉山，作《九老洞》《黑龙江》《溪上闻老农语口占》等诗。《宿洪椿寺忆香宋师》开篇即说：“文酒趋陪愿未酬，峨眉隔岁又重游。”“愿未酬”指未赴贡井之约。“重游”是针对 1938 年初游峨眉山说的。江庸下峨眉山归来就在乐山陈庄住下，旧友新朋间唱和不断并辑成《斗茶集》。

乐山交游：肥遁将搜陆羽茶

陈庄是富商陈宛溪家族私家园林，离复性书院很近。江庸复曹经沅两诗曾述及陈庄环境、风俗及交游情况。

草际群蛙晚渐哗，香闻栀子满坡花。
过江有艇容沽酒，就竹支棚即卖茶。
村女额缠巾似雪，峒蛮手凿洞为家。
五通桥水拿舟好，迟我重来玩月华。

裙屐能来不厌哗，好风香送鬓边花。
维持园趣成阴树，消受山光向晚茶。
邻院钟声双佛寺，隔江灯火万人家。
凭栏日见池波影，验取新霜上鬓华。

第一首“草际”句原注“寓楼下正草塘”。“满坡花”原注“山中挹子花遍开”。“沽酒”句原注“村酿不佳，必渡江沽之”。“卖茶”句原注“陈庄竹径多茶棚”。“月华”句原注“诵洛约十五夜泛舟五通桥赏月”。第二首“裙屐”句原注“陈庄日有游人，星期日尤盛”。“向晚茶”意味着游览生活结束。“双佛寺”原注“庄在凌云乌尤二寺之侧”。“隔江”句原注“庄正对嘉州城”。尾联言通过倒影来查看白发生长情况。

四川西昌人姚矩修当时也在陈庄。姚、江相识于成都。此番旧友相逢，欣喜之余，正好唱和一番。姚诗题为《奉和江翊云老陈庄即事》。

修篁遮断市声哗，半亩方塘半是家。
濠上鱼惊因唤酒，林间鹤徙为烹茶。
邻峰排闼高僧寺，孤塔崚嶒处士家。
公爱峨眉天下好，来看秋水读南华。

首联“修篁”即竹林。姚诗说江庸性喜山水，在陈庄过着读书品茶的生活。江诗题为《和姚矩修见赠二十七叠前韵》。

城居久已厌纷华，买得山田手种花。
识自锦官成旧雨，归从蒙顶带新茶。
江心画舸青衣水，崖下芳邻玉女家。
垒坻凌云公占尽，控抟风月要才华。

首联言到乡间躲清静。“识自”句言两人相识于成都。“归从”句原注“姚方自雅安归”，“新茶”则含义自明。颈联“青衣水”即青衣江水。乐山位于岷江、青衣江、大渡河三水交汇处。“玉女家”为地名。尾联“凌云”指凌云山。

相较于姚矩修，江庸与陈中岳算是新识。陈中岳（1897—1965），字诵洛，号侠龛，深得盐务总办缪秋杰赏识，累迁河南、四川等地任盐务分局局长。陈能诗，是天津城南诗社社员，与严修、赵元礼、刘成禺皆有旧。两位诗人在乐山相遇，自然要切磋一番。陈诗题为《翊云诗老谓将有斗茶集之辑叠韵乞正》。

沧波坐慨未流哗，说法诗天此雨花。
传写诗篇洛阳纸，品题高士武夷茶。
林泉劫外公犹癖，云水年来我即家。
一响从闻真实义，枝词端合忏风华。

“武夷茶”句原注“见《聪训斋语》”。该书是清代名臣张英所撰家训读本。张英、张廷玉父子都是清代名臣，嗜茶。家训读本以茶品喻人品：“岕茶如名士，武夷如高士，六安如野士。”[1]“岕茶”产自浙江，“武夷”产自福建，“六安”产自安徽，皆是名茶。江诗题为《答诵洛见赠二十九叠韵》。

祠树阴阴鸟语哗，板桥一雨碧流花。
酌君但罄瓶中酿，迟我先烹阁下茶。
吟翠楼僧为地主，浣纱溪女是邻家。
不妨吟啸鱼盐地，腹有诗书气自华。

首联“流花”系晏公祠附近桥名。“瓶中酿”原注“蓄酒仅一瓶，饮罄而止”。“阁下茶”原注“相约聚于祠阁，诵洛先至”。“地主”

1 见《父子宰相家训：聪训斋语澄怀园语》（安徽大学出版社，2015）第 31 页。

句原注“谓果玲上人”。期间，江庸与陈中岳同游青神县中岩寺，陈作诗八首，江作诗三首。陈中岳回自流井（自贡市）前，江庸用跟姚矩修相同的韵脚作诗送行：“联床话语听钟夜，应忆中岩佛寺楼。”可见两人交往之密切。

江庸居陈庄期间，林思进依旧避居河湾。文百川、欧阳克明、胡万锟、庞俊、吴秋实到河湾拜访，远在荣县的赵熙也寄诗问候，题为《喜闻山公避居郫县用斗茶韵奉寄》[1]。

厌听鹦猩种种哗，自寻何妥宅边花。
冲怀淡宕便沽酒，旧职传宣坐赐茶。
续得孤山高士传，画成独树老夫家。
品君班表非求切，或拟铜鞮古伯华。

首联“何妥”为隋朝人，其父经商致富后迁居郫县。颔联“旧职”句言从前宫廷赐茶事，也可能是茶宴。赵、林都曾在清廷任职。“续得”句用隐士林逋典故。“画成”句化用杜诗：“荒村健子月，独树老夫家。”[2]尾联“或拟”句用“铜鞮伯华”典故。羊舌赤，字伯华，铜鞮为其封地。林思进复诗题为《尧翁闻予避居郫县，用斗茶韵见寄，奉答》。

耳托双聋便不哗，目青有待岂愁花。
闲居但理康成业，诗味还分谏议茶。

1　见林思进《村居集》（华阳林氏霜柑阁，1939）。
2　仇兆鳌注：《杜诗详注》（中华书局，2015）第713页。

自贡市燊海井，蒋鹏供图

乐山大佛，蒋鹏供图

魔世僧祇千万劫，河湾此地两三家。

自惭羊舌难归老，非恋郫筒旧井华。[1]

首联“耳托”句言假装听不到喧嚣声。颔联“康成业”指像郑玄般埋头做学问。郑玄，字康成，东汉末年博学硕儒。“谏议茶”典出卢仝《走笔谢孟谏议寄新茶》。颈联“千万劫”言时局世情。尾联“自惭”句是针对赵诗“铜鞮古伯华”而言的。赵熙复诗题为《答山公 时寓郫县乡间》[2]。

晚爱秋蝉怨女哗，溪湾得地种梅花。

便同和靖孤山宅，还仿东坡小柏茶。

几日嘉淢同泛棹，浮云天地本无家。

庞公栖隐疏相见，知望苏桥共月华。

颔联“还仿”句典出苏东坡诗，苏曾在松林里试验种茶。颈联“几日”句言赵、林相约泛舟嘉陵江大渡河。尾联“庞公”指庞俊，当时居于苏坡桥。不同于王昌龄“我寄愁心与明月，随风直到夜郎西”，对林、赵、庞来说，乱世里同守一轮明月已是莫大安慰。庞俊（1895—1964，字石帚）读到赵诗，作《和香宋先生用斗茶集韵赋寄山公》[3]。

幕上乌啼晚不哗，秋衾愁梦浣溪花。

小同识字须随砚，便了还城或买茶。

久客束书余故友，避兵女几本浮家。

1　见林思进：《村居集》（华阳林氏霜柑阁，1939）

2　见林思进：《清寂堂集》（巴蜀书社，1989）第422页。

3　庞俊：《养晴室遗集》（巴蜀书社，2013）第119页。

凉宵双照情可限，强胜鄜州对月华。

首联“浣溪花”指成都浣花溪。颈联“久客”句原注典出杜诗。杜甫《暮秋枉裴道州手札率尔遣兴寄递呈苏涣侍御》云：“久客多枉友朋书，素书一月凡一束。”[1]“避兵”句原注“见元遗山诗”。元诗题为《女几山避兵送长源归关中》。女几山在今河南省宜阳县。尾联原注：“山公近示踏月之作，有云：‘脱有深闺感，知余双照情。’”“山公”即林思进，庞俊提到“踏月之作”即林《六月十五夜稻田行月》。当时林思进与家人在一起，自然比孤身在外的杜甫幸运。

1939年7月，因思念江庸和曹经沅，林思进分别作《怀翊云嘉州》《缠蘅久滞渝中书讯之》两诗，将近中秋，又寄诗江庸。诗云：

暂依灵境避纷哗，威凤来时桐正花。
坐想僧房闲煮饼，戏书僮约戒担茶。
因君梦绕龙泓口，叹我巢空燕子家。
赖有老禅劝报语，今年准拟会龙华。

首联“灵境”指江庸居所大环境，该地离乌尤寺、乐山大佛都不远。颔联“僮约”指西汉王褒与仆人订立的合同，有“烹茶尽具”等条款。颈联“龙泓口”为地名，在凌云山，苏轼《送张嘉州》诗云：“虚名无用今白首，梦中却到龙泓口。”[2]尾联言聚会可期。江诗题

1　仇兆鳌注：《杜诗详注》（中华书局，2015）第1661页。
2　张志烈等主编：《苏轼全集校注》（河北人民出版社，2010）第五册，第3585页。

江庸诗提及龙井茶。图为杭州龙井茶园，丁宇杨供图

茶则，周亚山供图

为《病中答山腴三十叠韵》[1]。

晏子祠边过客哗，石榴惊见粉红花。
夜来谁捉波心月，午后人喧竹下茶。
远害深知能慰友，微疴一念便思家。
山乡药物终何用，诀有安心胜扁华。

首联“石榴”句原注“粉红榴花向所来睹”。“夜来”句原注“前夜闻有园丁失足堕池死”。“竹下茶”原注“陈庄游人逾午方盛”。当地多搭草棚售茶，“竹下茶”也算贴切。“微疴”句言病中想家。尾联“扁华”指扁鹊和华佗。

江庸将上述两诗抄寄章士钊，章作《和翊云病中答山腴》[2]。诗云：

吟篇往复本无哗，消息潜惊五月花。
白接翯寒宜命酒，双柑阁爽快煎茶。
欲从绮季称芝叟，更伴严陵作钓家。
陡忆昔年烹鲤地，可堪重问旧京华。

首联“吟篇往复”指多次叠韵唱和。“白接”句言宜饮酒御寒。“双柑”句指前述霜柑阁雅集。颈联“绮季”为汉代“商山四皓”之一。严光与东汉开国皇帝刘秀有旧，不愿为官，隐居富春江垂钓。

1　江庸：《病中答山腴》，载《蜀游草》（大东书局，1946）。
2　见《章士钊诗词集 程潜诗集》（湖南人民出版社，2009）第53页。

尾联回忆京华往事。江庸另作《感事》[1]诗，也与章士钊有关。

狺狺邻犬到门哗，尚托闲情赋落花。
送客任攀官道柳，骄人自有本山茶。
缒幽樵始知峰路，买醉君宜问酒家。
莫讶狂奴仍故态，未容销尽是英华。

首联“狺狺”谓狗叫声。颔联“送客”句用古代折柳送别意象。颈联“知峰路”言入山最好找樵夫问路。“问酒家”言买酒最好问卖酒人。尾联言“狂奴”故态复萌不必惊讶。江庸特别提到“骄人”句中的“本事”闻自章士钊之口。曹经沅不明所以，写信询问“本事”何指，章作诗[2]回复。

惹将诗客入齐哗，本事飘如捉柳花。
藻缋文通权假笔，书荒清照赌先茶。
无题故造红榴句，流泪谁为白马家。
不必韦娘才有曲，前身江总擅词华。

首联言江庸提到的“本事”如柳花般飘浮。“藻缋”即文采。“文通”指马建忠，著有《马氏文通》，章士钊借用马氏文法体系著有《中等国文典》。“清照”指宋人李清照，李清照日常与其夫赵明诚赌书泼茶为乐。“无题”代指李商隐，其擅写无题诗。“流泪”句或

1　见《章士钊诗词集 程潜诗集》（湖南人民出版社，2009）第50页。
2　章士钊：《翊云感事诗谓吾知本事，纕蘅来询，诗以答之》，载《章士钊诗词集 程潜诗集》（湖南人民出版社，2009）第50页。

用李白《独不见》诗意："忆与君别年，种桃齐蛾眉。桃今百馀尺，花落成枯枝。终然独不见，流泪空自知。"[1]"韦娘"指唐代歌伎。"江总"字总持，即刘禹锡诗所说"南朝诗人北朝客"，此处代指江庸。章诗没有明言"本事"所指，从江诗提及"狂奴"推知，也许是某位相识的朋友投敌或大节有亏。期间，章士钊另作《南泉浴所感寄翊云》[2]。

到门泼泼水声哗，入眼方池作浪花。
石乳旧闻能换骨，流温微惜不宜茶。
胜缘抒藻临江宅，无意寻松采药家。
零落山梅今作媚，不须惆怅对霜华。

"南泉"即重庆南温泉，跟北温泉齐名，俱是当地休闲胜地。首联写温泉所见情景。"石乳"即石钟乳。"不宜茶"指不方便饮茶。"胜缘"句原注"理鸣招呼周至，即寓其宅"。覃振，字理鸣，时任国民政府司法院副院长，章时寄居覃家，另作《南泉奉赠覃院长兄》致意。"无意"句原注"地绅有邀饮者"。"药家"句化用贾岛《寻隐者不遇》诗意。

胡铁华幼弟胡少权因得赵熙高看一眼，常随侍在侧，跟江庸颇有交情，与于右任和章士钊都照过面。江庸居陈庄，胡少权亦寄诗问候。

1　郁贤皓校注：《李太白全集校注》（凤凰出版社，2015）第二册，第 468 页。
2　见《章士钊诗词集 程潜诗集》（湖南人民出版社，2009）第 56 页。

小阁怀君任夜哗，微风和露坠蕉花。
卷帘对月呼添酒，剪烛敲诗韵斗茶。
梦里嘉州高士宅，意中陈墅故人家。
高空秀色来书幌，知是三峨积雪华。

首联言思念江庸之情。颔联“斗茶”即次韵斗诗。颈联“高士宅”指荣州人王庠（字周彦）故居。陆游《初到荣州》诗云：“废台已无隐士啸，遗宅上有高人家。”[1] 此处双关江庸居所。“三峨”即峨眉三峰大峨、中峨、小峨。江庸答胡少权诗如下：

莫怪宵深客到哗，怡堂秋晚桂初花。
熊熊井底千寻火，恋恋池边一盏茶。
先代师门为地主，各将余力作诗家。
机云入洛年方少，白首风尘忆铁华。

首联“客到哗”原注“去秋抵怡堂已深夜”。“一盏茶”言胡家以茶待客。“地主”原注“至荣县必经贡井”。“诗家”原注“胡氏兄弟，伯乾、铁华、师重、少权、乐孚，无不能诗”。“机云”句原注“铁华、师重曾侍香宋师入都”。是句用陆机兄弟名动洛阳典故。“铁华”句原注“铁华独滞成都戎幕”。胡铁华 1935 年出任刘湘政府秘书长，是霜柑阁雅集的推动者和见证人。

乐山本来不是空袭的目标城市，但 1939 年夏秋间也频传警报。江庸有诗记之，题为《晚闻隔江空警，居民多渡江至陈庄避难，拂

1　《剑南诗稿校注》（浙江古籍出版社，2016）第一册，第 387 页。

白梅开放，作者摄于 2019 年

晓方散，三十三叠前韵》。

> 晚闻空警隔江哗，浆急江心激浪花。
> 山岂必安聊胜市，酒胡能致且鏖茶。
> 生逢举国空前劫，洞是临时最好家。
> 兵气未销家万里，年来何怪鬓毛华。

首联写难民过江原因及情景。颔联言陈庄只是比乐山城里安全一些，因为短时间内难民聚集，附近山店里的酒菜都卖完了。“鏖茶”原注“山店肴酒俱罄”。颈联言举国抗战时期，以临时居所为家。尾联言战乱时期远离故土，白发渐生。这次空袭警报解除后，江庸辑成《斗茶集》，并收到乌尤寺住持遍能所赠果酒及新茶。江庸“三十六叠前韵奉报”。

> 两断游踪昼不哗，小池初放白莲花。
> 得尝老衲生前酒，再品中岩别后茶。
> 数荷远书窥友谊，尽划绮障作僧家。
> 玉渊正滴琤琮水，手挈铜瓶汲井华。

首联“两断游踪”可能指两至乌尤寺未果。颔联言遍能赠酒赠茶。“远书”句原注：“近日，数奉平沪故人书问。”“玉渊”原注“陈庄泉名”。尾联写取陈庄玉渊泉泉水煮遍能所赠中岩茶。遍能和诗如下：

> 山径无人竹自哗，老僧传法不栽花。
> 旧储百果遗清酒，新采中岩制绿茶。
> 展转交情名士分，醉醒风味梵王家。
> 总持作计终痴绝，老去饥吟倚露华。

首联写山寺静寂，出家旨在弘法。颔联言旧酒新茶。颈联言朋友交情。所谓“展转交情”与赵熙有关。乌尤寺两代住持传度、遍能皆与赵熙有深交。江庸和遍能都算是赵熙的“诗弟子”。遍能送给江庸的果酒就是传度生前专门为赵熙酿造的。遍能的另一个身份是出家人，相对外地人，他是“地主”。从历史渊源来看，当地胡姓大族又是乌尤寺的“施主”。出世入世之事都要妥为处理。偏偏这个时候，重庆空袭消息传来。江庸遂作《闻渝市月夜被炸三十七叠前韵》。

嘉陵江上雹声哗，人散城郊似柳花。
窗外月沉方拥被，洞中客到不供茶。
安全漫许三迁策，局促难容八口家。
自古巴渝繁会处，堪嗟一夕损精华。

首联想象重庆空袭发生时居民逃窜情景。颔联“不供茶”原注“前寓上清寺。空袭时地穴中频来不速之客”。江诗云“不供茶”难免有趁韵之嫌。“八口家”原注“渝市防空洞无不拥堵”。尾联慨叹自古繁华的重庆遭遇空袭。这场灾难让江庸想起避难香港的梅兰芳，又作起了斗茶诗。

池馆生凉敛众哗，白兰香纵胆瓶花。
竹声似听萧疏雨，世味看同冷淡茶。
乱世佳人翻作贼，才高余技亦成家。
扇头为写疏枝好，展向风前忆畹华。

梅兰芳（1894—1961），字畹华，京剧表演艺术家。抗战期间寓香港。1938 年，江庸南下避难，梅兰芳前往江氏寓所看望，来看梅兰芳的人把路都堵了，江庸由是感叹：“楼头几被人看杀，卫玠原来是璧人。”卫玠是个美男子，自小受人关注，长大后到下都，来看他的人络绎不绝。卫氏身体欠佳，竟短命而亡。时人称作“看杀卫玠”。梅兰芳对江说，从前不少旧识都投敌当了汉奸。这便是江诗所谓“乱世佳人翻作贼”出处，即“卿本佳人，奈何作贼”。梅兰芳 21 岁跟随名画家王梦白学画，后结识陈师曾、金拱北、姚茫父、陈半丁、齐白石，39 岁时请画家汤定之教其画松梅。梅的本职是京剧，也工诗善画。相对京剧来说书画算是“余技”，江庸却说其余技也颇有水平（成家）。尾联两句言睹物（扇）思人。《蜀游草》所收和诗如下：

老唱西州取众哗，一身香气两般花。
相思入握犹留扇，止渴凭君不用茶。
珠佩想邀鱼子缬，金沙重扮马娘家。
双双子玉琴官影，都化仙人萼绿华。

这首和作，江庸并没有说明作者是谁，时人评此诗“绮靡低回，仿佛红氍毹上之轻歌曼舞”，怀疑系枪手代作。笔者在《赵熙集》中见到此诗，题为《和翊云寄梅畹华之作》。江庸、赵熙诗信往来频繁，赵应该读过此诗，故而复作和诗。首联言梅氏风度，“两般花”或化用杨万里诗：“近日司花出新巧，一枝能著两般花。”[1]“留扇”句原注“梅书赠翊云”。“止渴”句化用“望梅止渴”典故。“萼绿华”为女仙名。李商隐诗常用此典，如“闻道阊门萼绿华”“萼绿华来无定所”[2]。此典又用以咏梅花，“郁郁畹华梅兰芳”自然贴切。期间，江庸收到上海家信，作《内子来书云鬓有新霜，谑之以诗，三十九叠前韵》。

夷市深居只压哗，冲寒岁岁为梅花。
贮娇正待营金屋，善睡何妨咽苦茶。

1　杨万里：《栟榈江边，芙蓉一株，发红白二色》，载《杨万里集笺校》（中华书局，2007）第1344页。

2　冯浩笺注：《玉溪生诗集笺注》（上海古籍出版社，1979）第369页。

送我溪山作诗料，累君盐米做人家。
莫云近有霜浸髩，镜里朱颜似瑶华。

首联“夷市”指乐山。“冲寒”句回忆往事。江庸居上海时曾数次与夫人到无锡探梅。“金屋”句用“金屋藏娇”典故。“苦茶”原注“余喜啜苦茗”。“诗料”即诗材。陆游诗云：“诗材满路无人取。”[1]“做人家”原注“俗谓妇勤俭曰：做人家”。是句夸赞妻子勤俭持家，语含感激怜惜。尾联安慰妻子。赵熙《和翊云寄内》诗云：

西飞青雀集灵哗，盼到瑶池一树花。
金屋接风先置酒，玉津当户对烧茶。
牵牛旧典成新渡，海燕双栖贺一家。
即日遂良须鬓白，笑开妆镜比苍华。

首联“青雀”即青鸟，相传为西王母信使。“瑶池”为西王母居所。李商隐《汉宫词》云：“青雀西飞竟未回，君王长在集灵台。”[2]汉武帝有金屋藏娇之雅事。江诗前面提过“贮娇正待营金屋”，含义自明。卓文君与司马相如当垆卖酒，赵诗想象江庸与夫人团聚场景，故云“玉津当户对烧茶”。“牵牛”句用牛郎织女典故。“海燕”句化用唐人沈佺期诗，海燕飞来，成双成对。尾联祝福江庸夫妇白头偕老。赵熙此前另作《和翊云得家书喜记》。诗云：

1　《剑南诗稿校注》（浙江古籍出版社，2016）第一册，第 360 页。
2　冯浩笺注：《玉溪生诗集笺注》（上海古籍出版社，1979）第 343 页。

书来乳燕亦欢哗，慰藉平安祝戴花。
香阁风仪大士像，鄜州月影小团茶。
依稀举岸同皋庑，宛转回文薄窦家。
多病故应时近药，汉宫名号重容华。

首联“乳燕”即雏燕。“慰藉”句原注“似是樊榭语”。“樊榭”即厉鹗，清代诗人。“大士”为菩萨通称，特指观世音菩萨。“鄜州”在今陕西。杜甫《月夜》诗云：“今夜鄜州月，闺中只独看。遥怜小儿女，未解忆长安。香雾云鬟湿，清辉玉臂寒。何时倚虚幌，双照泪痕干。”[1]“小团茶”，宋代贡茶。宋人王禹偁咏《龙凤茶》：“香于九畹芳兰气，圆似三秋皓月轮。”[2]“皋庑”句用《梁鸿传》“举案齐眉”典故，喻夫妻恩爱。“窦家”句用窦滔、苏蕙典故。苏氏思念丈夫，写840字回文诗相赠。黄庭坚《题苏若兰回文锦诗图》也说“千诗织就回文锦”[3]。苏轼《题织锦图上回文三首》云：“红手素丝千字锦，故人新曲九回肠。”[4]尾联“汉宫”句原注“位视九卿”，本指汉代女官，此处代指江夫人。江庸期间又寄诗妻子告知将移居晏公祠，题为《寄内四十二三叠前韵》。

知君喜寂恶嚣哗，不信旛能永护花。
剪去吴淞半江水，爨余龙井雨前茶。
入秋蝉只宜餐露，出塞鸿原不恋家。
咫尺凌云堪载酒，嘉州水木本清华。

1 仇兆鳌注：《杜诗详注》（中华书局，2015）第263页。
2 《王黄州小畜集》（经钼堂）卷八。
3 刘尚荣校点：《黄庭坚诗集注》（中华书局，2003）第二册，第436页。
4 张志烈等主编：《苏轼全集校注》（河北人民出版社，2010）第四册，第2259页。

幽邃轩亭自不哗，回廊面面好栽花。
鹅黄定赏新蒻酒，螺碧应携故里茶。
宁觌盐泉分一井，合充学究傲三家。
山祠即是皋桥庑，从此荆钗绾鬓华。

第一首首联言徐夫人生性好静，但上海租界终究不得安宁。“永护花”原注“沪租界终为敌人所攘”。“半江水”原注“我国主权仅存法租界一隅”。“雨前茶”，一般指谷雨前采制之茶。此处为想象之辞，实际上杭州龙井产区早就陷于敌手了。“入秋蝉”与“出塞鸿”相对，便似那远离家乡的游子。尾联言所居距凌云寺很近，正好可以载酒登高，寄情山水。江诗第二首“幽邃”“回廊”两句写乐山居所周边环境。颔联“鹅黄”“螺碧”皆是描述颜色的词汇，用来代指酒茶。陆游《游汉州西湖》诗云：“叹息风流今未泯，两川名酝避鹅黄。”陆诗原注：“鹅黄，汉中酒名，蜀中无能及者。”[1]陆诗又云：“新酿学鹅黄，幽花作蜜香。”[2]“故里茶”，或指徐氏家乡之茶，或是江庸家乡之茶。此外，“故里茶”也可能是虚写，代指思乡之情。“学究”系自谦自嘲。尾联言希望夫妇能团聚于乐山晏公祠。事实上，江庸这个简单的愿望直到1941年才实现。

上述移居晏公祠的想法，江庸也寄诗业师赵熙予以说明。诗云：

山居借可避尘哗，多种园蔬少种花。

1 《剑南诗稿校注》（浙江古籍出版社，2016）第一册，第218页。
2 《剑南诗稿校注》（浙江古籍出版社，2016）第六册，第261页。

偏易醉人村酿酒，不难解渴野生茶。
近依绛帐邀天幸，秋上乌尤过我家。
莫笑萍踪无地著，一溪烟月占牛华。[1]

晏公祠在乐山犍为县牛华溪观音阁山，是为了纪念盐业专家晏安澜而建。“偏易”句言村酒容易醉人。“不难”句言野生茶解渴。“近依”句原注“去荣县仅数十里”。“绛帐”为师门、讲席敬称。“乌尤”句原注“赴乌尤必经之路”。尾联言漂泊无定中暂居风景佳美的乐山。赵熙和诗如下：

蟢子飞时喜鹊哗，书来红烛灿双花。
良宵聚宴应开菊，侍女清歌学采茶。
一去淞江余战史，五通祠宇护仙家。
自今唱和嘉峨秀，赋笔流传胜铅华。

首联“书来”句言灯下读江诗情景。颔联“学采茶”指《采茶曲》。颈联“淞江”指上海。“五通祠”即晏公祠。尾联言唱和依旧。

1939 年 7 月，王献唐（1896—1960）住进了姚矩修家。可能由于姚的介绍，江庸与王献唐相识。王献唐为姚画过荔枝图和茉莉图，江庸看后很是欣赏，作诗两首赠王。其中一首云：

造门稍厌角声哗，荔子红于著色花。
隔涧乌尤时唤艇，几时豹突再烹茶。

1　江庸：《将移居晏公祠，赋寄香宋师》。

袖中米芾无非石，岛上田横尚有家。
不负嘉州烟水地，偶拈画笔似瑶华。

首联“荔子”句言画，即王氏所绘荔枝图。“隔涧”句言出入乌尤山依靠坐船。“豹突”指趵突泉，位于山东省济南市。“袖中”句言王献堂有搜罗古代碑帖的雅好。“尚有家”原注“有母留青岛”。尾联赞嘉州山水及王献唐画技。王献唐《翊云先生索画为题一律即和原韵奉教》则与江庸求画有关。诗云：

画里茅堂百不哗，断烟疏木点秋花。
含毫兴尽三更酒，破墨香分一味茶。
侧调翻新从趁意，偏师济胜未名家。
香山居士人天眼，冲澹争如李日华。

颔联“破墨”句用苏轼与司马光斗茶典故，苏轼言茶墨异质却同德，如贤人君子。李日华，即明代文学家、书法家，著有《味水轩日记》。期间，可能因为缪秋杰、陈中岳盐务系统关系，江庸与乐山当地富商杨新泉结识，时相过从。

时乐山茶风颇盛，茶堂经常客满。好茶者从茶房开门就跨进茶馆门，将自己“埋”进竹椅子里，叫上一碗茶，或抽烟，或看报，或下棋，或摆“龙门阵”，一碗茶泡十次，吃完饭接着泡十次。每碗茶六百文，相当于下江的两分钱。[1]陈庄离当地市集茶馆不远，江庸得以观察民情并作诗记录。

---

1 《文友》1939年创刊号第47页。

卖梨莫禁到门哗，百战沙场手带花。
路入麹乡知美酿，身先弹雨当粗茶。
谋生但恃双肩铁，报国曾抛万里家。
相对敢憎君鄙俚，口中念念说中华。

首联“卖梨”句言小贩叫卖声不绝。江诗所说小贩曾在江浙当兵，负伤后还家。当地风俗称负伤为“带花”。“当粗茶”原注“粗茶淡饭言寻常也”，即枪林弹雨对军人来说都属平常。“当粗茶”句也有趁韵之嫌。“谋生”句写卖茶。“报国”句即从军。尾联“念念说中华”自是一片爱国之心。

7 月 15 日，马一浮致信赵熙请其主持书院诗教讲座。信中提及曾与江庸相遇于凌云，并请其代为致意。8 月 19 日，日军空袭乐山。据说这次轰炸有汉奸做向导。时在乐山当税务局局长的朱镜宙晚年回忆往事，提供了另一种解释：重庆天热，每到夏季，达官显贵结群到峨眉山避暑。这个消息传来传去，就变成国民政府迁居乐山。乐山因此遭殃。江庸事后作斗茶诗一首抒愤。

霹雳晴空万窍哗，烛宵红焰火城花。
防疏更为鱼贪饵，吻渴轻将耽易茶。
浩劫如环非一地，孑身莫庇况全家。
春秋九世仇须复，定使东夷悔乱华。

首联写乐山被轰炸惨状。乐山被炸过的情景，在朱镜宙及当年驻乐山的武汉大学的师生留下的文字或追忆文章中都有所记载。“贪饵”句原注“或云昨日之炸，奸人导之也”，即汉奸为日军作向导。“吻渴”句原注“争渡而溺死者百余人”，即众人争抢过江避难死于江水者数以百计。尾联直抒胸臆，言此仇必报。《公羊传》有三世说，江诗言“九世”，足见悲愤之深切。

林思进听闻乐山被炸，作《嘉州烬后深念翊云遗迹》：“题诗问江总，几日在嘉州。居近丁东院，时登高望楼。何言风异响，便作火西流。芒履今安托，扁舟去得不。”江庸所居陈庄远离乐山城区，是以无恙。

9月17日，复性书院开讲。9月19日，马一浮致信赵熙：“书院已于十七日开讲，例当柬请莅临教，因风鹤频警，故未敢以虚文奉渎。瞬届九秋，夙承登高之约，便思先诣门下，抠衣拥篲，亦以寇氛甚恶，非所以安几杖，故进见之期，尚犹有待耳。”[1]收到赵熙复信及诗，马一浮作《喜香宋翁书至，并得读近作多篇，次茶字韵即以奉简》。诗云：

床下时闻蚁斗哗，山前初植小园花。
待迎乐令重挥麈，未许王濛径设茶。
鹙子早承双树记，鸱夷终泛五湖家。
论诗已入如来地，百梵何曾抵一华。[2]

首联“床下”句言时闻床下蚂蚁争斗之声，足见居住环境恶劣。

1　见《马一浮全集》（浙江古籍出版社，2013）第二册，第617—618页。
2　见《马一浮全集》（浙江古籍出版社，2013）第三册（下），第63页。

“山前”句言园中有花，算是一种安慰。“乐令”指晋代名士乐广。前人常用“挥麈”（拂尘）来指称清谈。“待迎”句言期待与赵熙晤谈。东晋名士王濛常设茶待客，时人不惯饮茶，将去王家喝茶戏称为“水厄”。“双树”即沙罗双树，释迦牟尼寂灭之处。“鸱夷”与伍子胥有关。尾联盛赞赵熙诗学成就。赵熙和诗如下：

书声喜近舍人哗，九日殷勤就菊花。
投老抠衣观释菜，登高载酒创携茶。
开明故治今知学，马服先封本一家。
独抱遗经期拨乱，陈词何地觅重华。

因马一浮致赵熙信提及复性书院于9月17日开讲事，所以赵诗首联提及“书声”。颔联“抠衣”指拉起衣服前襟，见长者时抠衣以示尊重。“释菜”即释菜礼，古代尊师礼之一。“开明”为古蜀国帝号，“故治”指乐山。“马服”句原注“赵奢封马服君，后以为氏”，这是指出马姓源流。据《马纪》所说：“马嬴姓伯益之后，赵王子奢封马服君，子孙氏焉。”[1]“独抱”句称赞马一浮办书院的苦心孤诣。

期间，《斗茶集》刊印完成，江庸亲至复性书院持赠马一浮。马作诗答谢。

隔林钟磬压兵哗，险韵诗成正雨花。
客至每询江令宅，僧来先吃赵州茶。

1　见《马一浮全集》（浙江古籍出版社，2013）第五册，第266页。

不因好事传新句，争解名山并作家。

留得西昆酬唱在，华阳今日是京华。[1]

首联“钟磬”教法器所发声响。“险韵”指险僻难押之韵。斗茶诗用“花茶家华”作韵脚，次韵者不但要重复该韵脚，其位置、顺序也要与原诗一致。马一浮称其为“险韵”含赞赏意。“客至”句用江总典故。刘禹锡《江令宅》云：“池台竹树三亩馀，至今人道江家宅。”[2] 此指江庸乐山居所。“赵州茶”用禅宗“吃茶去”典故。茶诗中多用此典，所谓“茶禅一味”。厉鹗诗云：“中有参寥禅，风味得正见。”[3] 考虑到江庸和赵熙的关系，马诗“赵州茶”有双关赵熙之意。“争解”句语含褒扬，典出司马迁“藏诸名山，传之其人”。尾联“西昆酬唱”指宋初杨亿所编《西昆酬唱集》，此处代指《斗茶集》。“华阳”即华阳县，林思进家乡。江庸“再酬一律”回复马一浮。

凤鸾一哕压群哗，菊到霜时始见花。

过我累停山径屐，访君空享寺僧茶。

新诗妙墨珍双璧，芋火芸灯并一家。

石室重开真盛事，定芟荒秽茁菁华。[4]

首联“凤鸾”指凤凰一类神鸟，“压群哗”犹言具此声望或声势，自然说的是马一浮。“菊到”句言时令。“山径屐”原注“是晨山

1　马一浮：《谢江翊云惠〈斗茶集〉即次其韵》。

2　见《刘禹锡集》（中华书局，1990）第 311 页。

3　见《樊榭山房集》（上海古籍出版社，1992）第 325 页。

4　江庸：《斗茶集付后，马一浮复和花茶韵见赠，再依前韵奉答计三十五叠矣》，载《蜀游草》。

下无肩舆”。“寺僧茶”原住“走访不遇，与遍能上人久谈”。“并一家”原注“复性书院设乌尤寺内尔雅台”。“新诗”句称赞马一浮茶诗和书法并称双璧。尾联言书院功绩。马一浮那时心情复杂，借与江庸唱和之机，作《翊云见答再和二律仍次前韵》《再和翊云韵二首》《再题斗茶集简翊云》等六首诗。其中两首如下：

寻山载酒客毋哗，开卷搜奇眼未花。
二水波澜通海气，三峨云雾育岩茶。
春兰秋菊将同调，李耳韩非并一家。
独悟四声推沈约，不劳博物问张华。

魔语今同佛语哗，昙花开后更无花。
不逢国手轻除劫，却喜诗翁善斗茶。
主客新图尊杜老，江湖雕本忆陈家。[1]
流传好事舒愁抱，恰胜峨眉睹日华。[2]

第一首“寻山载酒”犹言携酒游山。“开卷搜奇”指日常读书生活。乌尤寺所在的乌尤山位于大渡河、青衣江、岷江交汇处，传说此地有龙宫的入口。峨眉有大峨、中峨、小峨三峰。峨眉山产茶，历史悠久。李耳（即老子）、韩非，前者著有《道德经》，后者著有《韩非子》，中有《解老》《喻老》，对《道德经》作出解读和阐释。一般认为，老子属于道家，韩非为法家。马诗中说他们“并一家”，

1　“江湖”句原注“宋临安陈道人起善刻书，曾刻《江湖小集》。来书颇病嘉定印工之劣，而君假馆亦为陈氏，故云”。

2　“恰胜”句原注“峨眉绝顶宝光，近人辨为日华”。

是说两人学问的承继关系。“四声”，齐梁时期于诗歌创作发现声律总结，即常说的平声、上声、去声、入声。四声的发现者名周颙，著有《四声切韵》。沈约在诗歌创作实践中总结出声韵搭配不当存在的八种弊病。“独悟”句即本此。张华，西晋文学家，著有博物学著作《博物志》。

第二首“佛语”“魔语”以时局世情而论，犹言正义和非正义。按佛典记载，昙花长达千年才会开花。“杜老”指杜甫。杜诗自宋以降，历代注家纷起，长盛不衰。杜甫号称集大成者，七律水平之高，更是众口称赞。马诗言“尊杜老”等于说这些斗茶诗写得正宗。“国手”指技艺高超之人。“诗翁”指江庸。“善斗茶”指擅长创作斗茶诗。“江湖雕本”指南宋时期诞生的诗歌总集《江湖集》，该集收江湖派诗作凡九卷。是集由兼具诗人身份的书商陈起刊行。尾联言读《斗茶集》胜过峨眉观日。期间，马一浮因利趁便，作《述近事用茶字韵》诗三首，将时事和个人心境融为一体。其中一首云：

阳春不敌郢人哗，幻眼旋开顷刻花。
扶老犹须邛竹杖，论才如品武夷茶。
月仪辞令能通好，僮约科条教看家。
温伯无言匡鼎至，伊谁道力胜纷华。

首联“郢人”是《庄子》所载人物，住在楚国国都，其鼻上有白灰，旁人运巨斧去之，不伤分毫。这里指侵略者。“邛竹杖”一般用作手杖，朋友之间多互赠。“论才”句典出清人张英《聪训斋语》：“武夷如高士。”《月仪贴》相传为西晋书法家索靖所书章草，用于传递军事信息。《僮约》是西汉文学家王褒跟仆人订立的服务标准合同，里面有“烹荼尽具”“武阳买荼”等内容。“月仪”句原注“张伯伦之模棱似之”，“僮约”句原注“近卫之很戾似之”。马一浮并非两耳不闻天下事。他连作四首《感事用茶字韵》诗也大多与时事有关。其中第四首云：

席上行师且勿哗，流萤静夜度深花。
远游竞跨王乔鹤，肥遁将搜陆羽茶。
诅楚迎巫皆窾语，过秦箸论足名家。
苍生未必清谈误，只是蹄远已乱华。

首联“流萤”句原注“近多夜袭”。“远游”句原注“列强扩充军备，以空军互争雄长”。这里的鹤用来指飞机。“肥遁”句原注“敌谋破坏我生产区”，此处用“陆羽茶”代指产茶区。“诅楚”句原注“国际盟约外交辞令作如是观”。“过秦”句原注“外报评论多与辞，抗战刊物多自诩”。西汉贾谊《过秦论》云：“仁义不施而攻守之势异也。”尾联言日本侵华，国家正处于生死存亡之际。马一浮此后又作《遣兴用茶字韵三首》，足见其心绪之复杂。其中一首云：

睡厌饥蚊绕鬓哗，书憎秃笔惯开花。
欲消美疢嗟无药，得润枯肠幸有茶。
感寓诗成因和韵，买山计拙漫移家。
人间万事云生岫，莫问南华与杂华。

首联言蚊子嗡嗡作响，毛笔写秃了总是分叉。颔联言想祛除热病而无药，文思枯竭时幸好有茶。颈联言写诗是为了和韵，流寓之人又何妨四海为家。尾联言世事变化无常，又何必强分《南华经》和《杂华经》。马一浮所作之诗与江庸《斗茶集》题诗有相近之处。江诗云：

> 秋来例有候虫哗，醉眼看花不当花。
> 巢到覆时休问卵，酒无沽处始思茶。
> 新篇半是愁人泪，逆旅原非过客家。
> 终信橐砧归有日，妆台未可弃铅华。

首联言秋虫鸣叫，醉眼看花。颔联用“覆巢之下，焉有完卵”典故，言形势。“始思茶”言个人情况。颈联先说《斗茶诗》风格倾向，再说陈庄非久居之地。尾联寄望于早日归家。直到乐山被炸，江庸移居晏公祠的计划仍未真正实施，他只与朋友偶去游玩，不久之后，就回重庆了。

江庸离开陈庄的时间没有明确记载。1939 年 9 月 19 日公布《国民参政会一届四次大会休会期间驻会委员名单》，江庸在列。按规定，驻会会员应该驻守重庆。但江庸《月夜二十八叠前韵》原诗注提到与陈中岳相约于农历八月十五（9 月 27 日）泛舟五通桥赏月。这个约会似乎未果。被炸之后，乐山慢慢又恢复了秩序。武汉大学学生周末也会结群到陈庄游玩。乌尤寺与荣县虽相隔不远，但赵熙最终没有到复性书院讲诗教。

1939年12月，缪秋杰因调用经费做慈善、办学校，被罢去盐务总办之职。也有人认为，缪罢官的核心原因是当地政治角力。历史上，贡井、自流井分属荣县和富顺县管辖，因盐业获得巨大财富。1939年9月，自贡市政府成立。这样一来，牵一发而动全身，空出的位子、唾手可得的银子，各方势力虎视眈眈，要"搞臭"一个盐务总办，太容易了。挪用经费就是现成的罪名。是年腊月，林思进从河湾返回成都，以斗茶诗记录沿途所见所闻。诗云：

地僻都忘人境哗，春花看后到秋花。
近游欲记柳州柳，小憩乃尖茶店茶。
万雉骠残国徙市，两竿鸦轧客还家。
分明一道宣明路，不露菅茅露白华。

首联言从春花看到秋花，实指自成都避居乡间有日。据《村居集》说法"凡五阅月"。颔联"乃尖"句指在途中用餐饮茶。"万雉"言城墙宽广。"骠残"言衰败残破。"国徙市"指陪都重庆。"鸦轧"本指门户开合声，林诗形容所乘滑竿声音。尾联写沿途所见。林思进一路所见还有"绿巢添野润，黄叶媚霜晴"，但是"可怜亩钟地，今日尽豪并"，普通农家连土地都没了。赵熙此前就说过："边头小吏蛇含毒，身带铜斑脊紫华。"足见当时吏治严酷和民间疾苦。

1939年就这样在林思进等人的诗篇中溜走了。但斗茶诗唱和还远未结束。同年秋天，郭沫若回乐山沙湾料理父亲丧事，请马一浮为其父牌位点主。事毕游乌尤寺，遍能法师款以香茗。郭作《登尔雅台怀人》："依旧危台压紫云，青衣江上水殷殷。归来我独怀三楚，叱咤谁当冠九军。龙战玄黄弥野血，鸡鸣风雨际天闻。会师鸭绿期何日，翘首燕云苦忆君。"[1] 郭诗所怀念者正是朱德。郭沫若与斗茶诗发生联系还要等待两个人的出场，即朱镜宙和柳亚子。下面，我们先把目光投向峨眉山。

峨眉吟咏：呼灯旋瀹云母茶

江庸、林思进霜柑阁雅集有诗有茶。送茶者正是峨眉山报国寺住持果玲。曹经沅时寓重庆，也收到果玲所寄新茶，赋诗答谢，题为《果玲屡送峨顶山茶，书来述入山游旧多见忆者，再叠茶韵奉酬，兼怀翊云山中》。

诗心梵籁两无哗，想见诸天尽雨花。
着我差宜三亩竹，劳君频致上方茶。
横流何地容安枕，穷子多年总忆家。
为语洪椿坪上客，要留高会续龙化。

颔联"三亩竹"原注"君有佳处留庵之约"。"上方茶"指果玲所赠之茶。"上方"本义指住持居住内室。颈联言时局及游子想家。尾联言寄望于佳期再会。果玲对人情洞若观火，每年都会定时给圈中友人寄送新茶，也参与赵熙、曹经沅的诗友圈活动。果玲复

1　见《郭沫若全集 文学编》第 2 卷（人民文学出版社，1982）第 354 页。

曹诗题为《缫蘅见示次香宋翁茶韵，兼录翊云山公之作，同韵奉答，并怀香宋侍御、翊云、山腴两公》。这个诗题有讲究，奉答对象是曹经沅，兼怀者包括赵熙、江庸、林思进。诗题就讲明了前因后果及朋友圈关系。

春深古寺寂无哗，来及洪桐正放花。
绮语未除人访荔，乱怀聊遣自煎茶。
风声鹤唳惊师里，梵唱渔音衲子家。
冷眼区区看蛮蟹，金瓯原不损中华。

诗中提及“洪桐”应是“珙桐”，系峨眉山珍稀植物。“放花”句原注“翊老来山看洪桐，未晤”。江庸二上峨眉山看花发生在入住陈庄之前。颔联“绮语”原注：“‘临别畏师呵绮语，春风红荔几时花’，香宋师赠传度句。”“传度”，指乌尤寺前任住持，时已圆寂。“煎茶”句原注“山公嗜峨茶”，这也解释了霜柑阁雅集期间，江庸、林思进能喝到峨眉山春茶的原因。颈联“风声鹤唳”原注“山公在省已数闻警”，即数次闻听空袭警报。“衲子”，果玲用以代称自己。尾联言时事时局。“金瓯原不损”云云并非实情，成都、重庆都遭日寇轰炸。

陈庄隔报国寺和荣县都不远。赵熙与果玲关系密切，数游峨眉山多是果玲出面接待。江庸读到果玲诗作《答果玲师见怀，并呈香宋师二十六叠前韵》。果玲与遍能一样，算是赵熙的“诗弟子”。因此，江庸才会“并呈香宋师”。

峨眉山茶园，洪漠如供图

峨眉山高桥小镇，恒邦双林供图

峨眉风光，方一茸供图

一尘不让寺门哗，只看洪桐几树花。
禅榻未亲煨芋火，霜柑先饷露芽茶。
横溪阁近诗留壁，吟翠楼高客当家。
咫尺灵山原易到，何愁无分与龙华。

首联言二上峨眉山看花往事，江庸《步至天门石观洪桐花》云“枝上万花如粉蝶，风来齐傍碧山飞”，可为“几树花”注脚。是次游峨眉，江住报国寺吟翠楼，果玲那时可能不在山中，两人未照面，江诗故而才说“禅榻未亲煨芋火”。“芋火”用李泌夜见高僧，僧以烤熟芋招待典故。“露芽茶”即曹经沅诗提到的“上方茶”。颈联“横溪阁”亦在峨眉山，上有赵熙题诗石刻。“客当家”言住得舒服。尾联言两人相距不远再见不难。

江庸话说得客气，寓居陈庄三月，却没有再上峨眉山。1939 年 7 月 27 日，成都遭遇大轰炸，四川大学有 127 间房屋变成废墟[1]，这客观上加速了四川大学迁峨眉山的进程。林思进本来可随校迁峨眉山，果玲也来信相邀，考虑到年老体衰就放弃了。友人向楚、龚道农皆去峨眉山，身在河湾的林思进作诗相送。四川大学文、法、理三院、新生院、校本部，分别安置在报国寺、伏虎寺、万年寺等古刹。是年秋，周岸登来到报国寺，果玲出面款待并作诗[2]相赠，题为《癸老初临八叠茶韵奉正兼柬程瑞荪》。“癸老”即周岸登（1872—1942），字道援，号癸叔，四川威远人。程瑞荪，情况不详。诗云：

1　详见《四川大学史稿》第 1 卷 （四川大学出版社，2006）第 205 页。
2　果玲：《癸老初临八叠茶韵奉正兼柬程瑞荪》，载《国立四川大学校刊》（1939）。

三门初罢役夫哗，天意归凉桂欲花。

傍晚才临词客屐，呼灯旋瀹云母茶。

峨眉月好权安枕，古刹新秋便借家。

幸接芳邻能代主，山林从此易簪华。

报国寺位于峨眉山山麓，为游山起点。1939 年 6 月 23 日至 9 月 12 日，林森在峨眉避暑。果玲诗原注提及“是晨送林主席”。据此可知，周岸登到达时间为 9 月 12 日夜间。果玲以“云母茶”待客。此茶产于峨眉山万年寺，味道颇佳。周岸登《初抵峨眉三叠斗茶韵示报国寺僧果玲》可与果玲诗相参观。

风泉寂听不嫌哗，夜久银釭落豆花。

香积人多宁少粥，秋晴吻燥但呼茶。

校依佛地仍分院，老入僧寮且寄家。

吾道期山山已至，会看成旅复中华。

首联写山中景色及到达时间。颔联“茶”即果玲诗提及的“云母茶”。颈联言四川大学办学条件及个人际遇。尾联则满怀中华必胜的信念。周岸登早年于宦海浮沉，晚年执教于各大学，能诗擅词，随校迁峨眉山，就住在报国寺。果玲常向其请教作诗之法，其《赠果玲四叠斗茶韵》写于入山之后。

九僧诗派艺林哗，如四禅天见雨花。

莲社净参无漏果，皖云遥护寄生茶。

峨眉金顶，方一茸供图

峨眉山高桥小镇风光，恒邦双林供图

知君气已空疏笋，笑多玄徒演部家。
识得钟期弦外意，一泓秋水诵南华。

在文学史上，贾岛、姚合以苦吟著称。有九位僧人很推崇他们，著有《九僧诗集》。周诗首联“九僧诗派”即源于此。“禅天”为佛教术语。东晋时期，高僧慧远居庐山，与慧永等十八人结社于东林寺，共研净土宗。谢灵运有意入社，并在寺中凿池种白莲，白莲社即源于此。范成大《东林寺》诗原注“慧远师白莲社也”[1]即指此。“无漏果”为佛教术语，正果之一种。尾联“钟期”用“高山流水”典故。“南华”即《南华经》，亦称《庄子》。向楚也住报国寺，作《和果玲上人斗茶韵》[2]。

寺深夜静百虫哗，松籁杉寒桂着花。
天挺峨眉标独秀，诗盟白水当清茶。
秋来伏虎山多雨，老羡蜗牛壳是家。
大好三分明月处，卜居方拟送年华。

向楚（1877—1961），字仙乔、仙樵，号觙公，巴县人。赵熙弟子。时任四川大学文学院院长。首联写山景。颔联“白水当清茶”言茶味和诗味的关系。颈联“蜗牛壳”为地名，“伏虎”指伏虎寺。尾联“卜居”为诗名，屈原、杜甫皆有同名诗。

1939 年农历八月中秋（9 月 27 日），周岸登、李思纯都参加了

1 见《范石湖集》（上海古籍出版社，1981）第 275 页。
2 向楚：《空石居诗存》（四川大学出版社，1988）第 82 页。

果玲组织的雅集，互有唱和。周作《中秋无月五叠茶韵》[1]。诗云：

中秋无月候虫哗，岩桂娟娟自著花。
阙史难征徒说饼，通经少术莫笺茶。
乍逢亲戚多情话，历数年尘倍念家。
六十七秋成底事，浪同庶子竞春华。

首联言中秋时节，山间桂花绽放，却没有见到月亮。颔联“说饼”原注：“客谈元代利用月饼杀鞑子事。”即起义军借助月饼传递军情打击元兵事。是句言这个传说难征史籍。“笺茶”原注“茶见于夏小正及国风”，即关于茶的记载见于《诗经》。颈联所言即“佳节倍思亲”之意。尾联言徒增年齿却无家可归。周岸登期间另作《由报国寺到伏虎寺沿途所见六叠茶韵》[2]。

鸣至溪声息众哗，廉姜满谷绽幽花。
悬知道妙如观水，解得机锋去吃茶。
入寺三休劳习坎，罗峰一席乐忘家。
偶因僧话窥禅定，孰与浮生转法华。

首联写山中溪水潺潺，姜花盛开。颔联“去吃茶”原注：“伏虎寺外有亭榜曰‘吃茶去’。”颈联中“三休”为登高之典。“罗峰”句原注：“钱开士柏心筑室罗峰独居十八年矣。”尾联言因僧话受到启发得以身心安定。“浮生”即人生在世虚浮不定。李白曾说：

1　见《国立四川大学校刊》（1939）。
2　见《国立四川大学校刊》（1939）。

无事，槚珉供图

“浮生若梦，为欢几何。”“法华”指佛典《法华经》。李思纯（1893—1960，字哲生，成都人）期间作《旅居峨眉僧寺用斗茶韵》[1]。

虎溪龙洞水声哗，岩桂天香丈室花。
酒渴人方思蜀酿，诗清吾自爱峨茶。
中年世路蜘蛛网，独客僧寮燕子家。
欲向此山笺草木，嗟余博物愧张华。

首联写山水桂花。“虎溪龙洞”为峨眉山胜迹。颔联写蜀酒蜀茶。“峨茶”即峨眉山所产之茶。颈联“独客”“僧寮”俱是冷寂之物。“中年”句言世事如蛛网，挣扎不脱，足见慨叹之深。尾联言不及张华博学。周诗提及“通经少术莫笺茶”，可能李诗言“嗟余博物愧张华”算是回应。

早在1934年，果玲刚当上住持两年，朱镜宙、江庸、曹经沅都未入川，赵熙游峨眉山，与果玲相识。自那时起，果玲每年都给赵寄新茶。成都雅集未发生时，赵熙就写过《果玲惠峨眉茶》：“雨水新芽寄草堂，峨眉山翠一囊香。不留兰若充诗料，刚助花朝晏海棠。小吏捉人乡户减，贫家入市纸钱荒。玉川何忍耽明月，聊趁春分谢宝坊。”[2]赵诗“小吏”“贫家”两句令人印象深刻。在那个年代，许多人就如乱世蓬蒿，连生死都难以把握。果玲虽为一寺住持，某种意义上也充满了不安全感。他积极入世，期间可能做了出格之事。

1　见《李思纯文集：诗词卷》（巴蜀书社，2009）第1424页。
2　见《赵熙集》（浙江古籍出版社，2014）第752页。

赵熙借唱和之机作《和果玲怀林山公》[1] 予以规劝。

舍人不耐市声哗，霜阁闲看黛黛花。
乱世立身原有节，老年无睡不宜茶。
多君好句无僧气，自古名流佞佛家。
过分召灾悬戒品，近来江埠亦奢华。

首联“霜阁”即林思进书房霜柑阁。颔联“乱世”句言气节。“不宜茶”虽为生活经验，但意在言外，是句重点还是“气节”。颈联“无僧气”赞果玲诗作。“自古”句言有人欺世盗名。尾联言不宜过分招摇，须知祸福相依，要引以为戒。这是对朋友的劝进之辞。峨眉山是天下名山，历代入蜀高官名流、文人雅士，多会入山朝拜参观，报国寺是必经之地。在果玲的交际圈中，充斥诸如蒋介石、林森、冯玉祥、于右任、赵熙、曹经沅等高官名流，适逢其会也好，有心结交也罢，果玲多会请求题诗留墨，跟今人在墙上悬挂与大人物合影用意相似。果玲充分发挥了茶的交际作用，而赵熙、江庸、林思进等所写斗茶诗，也有相应时代背景、生活习惯及人际往来作支撑，并不只是为作茶诗而作茶诗。

据说，果玲出家前读过几年书，在那个时代，他也算是读书人，后来有意结交名家、学者，作起诗来。赵熙赠果玲诗也说“独向明月弹绿绮，峨眉山下一诗僧”。从人际关系和个人诉求来看，果玲积极参与斗茶诗活动也就不足为奇了。这一时期所作斗茶诗，和诗者分布于重庆、乐山、自贡（荣县）等地。除上述诸人，还有一个

1　见《赵熙集》（浙江古籍出版社，2014）第 779 页。

关键人物——朱镜宙。

香岛风骨：革命初焙富士茶

1937 年冬，朱镜宙（1889—1985，字铎民）奉命入蜀督税务。1939 年正月，战争形势转变，税务办公场所迁至乐山。朱镜宙中意的地方是凌云寺，与乐山城一水之隔，同事们觉得往返不便，双方折中处理，在城郊觅地办公。是年 7 月，王献唐来到凌云寺，将所携文物封存于岩洞。8 月 19 日，乐山遭遇大轰炸。朱镜宙趁机将办公场所移到凌云寺，距江庸、姚矩修、王献唐住处都近。

朱镜宙是诗坛名流陈衍的弟子，娶了章太炎的三女儿章㺾为妻，本人是金融行业俊才，交往广泛。江、朱是旧识。朱、王相识应该是江庸居中介绍的。朱将自己办公室取名“维摩室”。是年 9 月，应朱镜宙之请，王献唐为其绘《维摩室图》并作题诗。

不掩禅关避物哗，西风忍泪对狂花。
七年疢疾难求艾，一念哀矜到榷茶。
纸上须弥藏芥子，画中丈室是君家。
焚香欲启维摩阅，趺息如何佳法华。

诗题中“维摩”全称维摩诘，为精通大乘佛法之居士，其说法处为石室，四方各一丈。首联“禅关”即禅门。颔联“七年”句典

茶室，牛贺龙供图

柳亚子看望萧红时赠之以花。图为插花作品，作者摄于 2015 年

出《孟子》：“今之欲王者，犹七年之病求三年之艾也。”[1]是句言良药难求。“榷茶”句言朱氏入蜀督税。颈联“纸上”句用“须弥藏芥子”典故。尾联“维摩”指《维摩诘经》，“法华”指《法华经》。朱镜宙次韵三首回复王献唐。第一首云：

风雨江皋万箛哗，朝来小院放藤花。
涪翁苦口方知笋，杜老忧怀托斗茶。
高阁声喧半夜柝，严城梦断万人家。
飘零尽是长安客，应悔当年竞物华。

首联“风雨”句言江水折崖如万箛齐响。颔联“涪翁”句典出黄庭坚尝苦笋事，见《苦笋赋》及《书苦笋赋后》。江庸《斗茶集》自序言杜甫诗“积于乱离”，时值抗战期间，朱镜宙从江诗中读出相同兴味，故云“杜老忧怀托斗茶”，朱氏《维摩室即事》论《斗茶集》也说“多流离感伤之辞”。颈联“严城”犹言风声鹤唳之城。尾联“长安客”俱是他乡之客。第二首云：

钟鼓晨错古寺哗，谈禅妙舌粲莲花。
宦情已是秋前柳，诗味何如酒后茶。
眼底金焦浮大室，胸中丘壑属方家。
乾封旧事犹堪记，万景楼台拥翠华。

朱镜宙的“维摩室”距离寺院很近，暮鼓晨钟听得清清楚楚。“舌粲莲花”指口齿便利，言说美妙，用在这里切情切景。陆游《长歌行》

1　万丽华等译注：《孟子》（中华书局，2010）第136页。

云："人生宦游亦不恶，无奈从来宦情薄。"[1]朱诗颔联说宦情如秋柳，当是对工作起了厌弃之心。颈联"金焦"系江水别称。"胸中"句言王献唐方家，故请托为画。乐山有万景楼，为登临游览胜地，范成大《万景楼》诗云："左披九云顶，右送大峨月。"可以大致想象该楼位置。陆游诗云："原约青神王夫子，来醉万景作中秋。"[2]昔楼已不存，黄山谷入蜀时即未见到。范成大也只是请人绘图留念："若为唤得涪翁起，题作西南第一楼"[3]。赵熙亦有《万景楼》[4]诗。朱诗第三首云：

鸡虫得失苦相哗，羞对南斋案上花。
漉酒时缘江令屐，烹泉初试玉尘茶。
众生有病能无病，四海为家等是家。
差喜蒋山青似昔，还将胜会代京华。

首句典出杜甫《缚鸡行》诗："小奴缚鸡向市卖，鸡被缚急相喧争。家中厌鸡食虫蚁，不知鸡卖还遭烹。虫鸡于人何厚薄，吾叱奴人解其缚。鸡虫得失无了时，注目寒江依山阁。"[5]"鸡虫得失"，谓细小之得失。于杜诗而言，虫被鸡吃，是鸡得虫失；将鸡卖了，鸡可能被买鸡人烹煮食之，则虫得而鸡失。杜诗注目寒江，朱诗羞对南斋，都是踌躇难决。"漉酒"句指江庸来乐山时朱出面款待。"玉尘茶"句指以好茶款待江庸。"众生有病"出自佛典，从题诗相关

1 《剑南诗稿校注》（浙江古籍出版社，2016）第二册，第253页。
2 《剑南诗稿校注》（浙江古籍出版社，2016）第一册，第258页。
3 见《范石湖集》（上海古籍出版社，1981）第254页。
4 见《赵熙集》（浙江古籍出版社，2014）第759页。
5 仇兆鳌注：《杜诗详注》（中华书局，2015）第1293页。

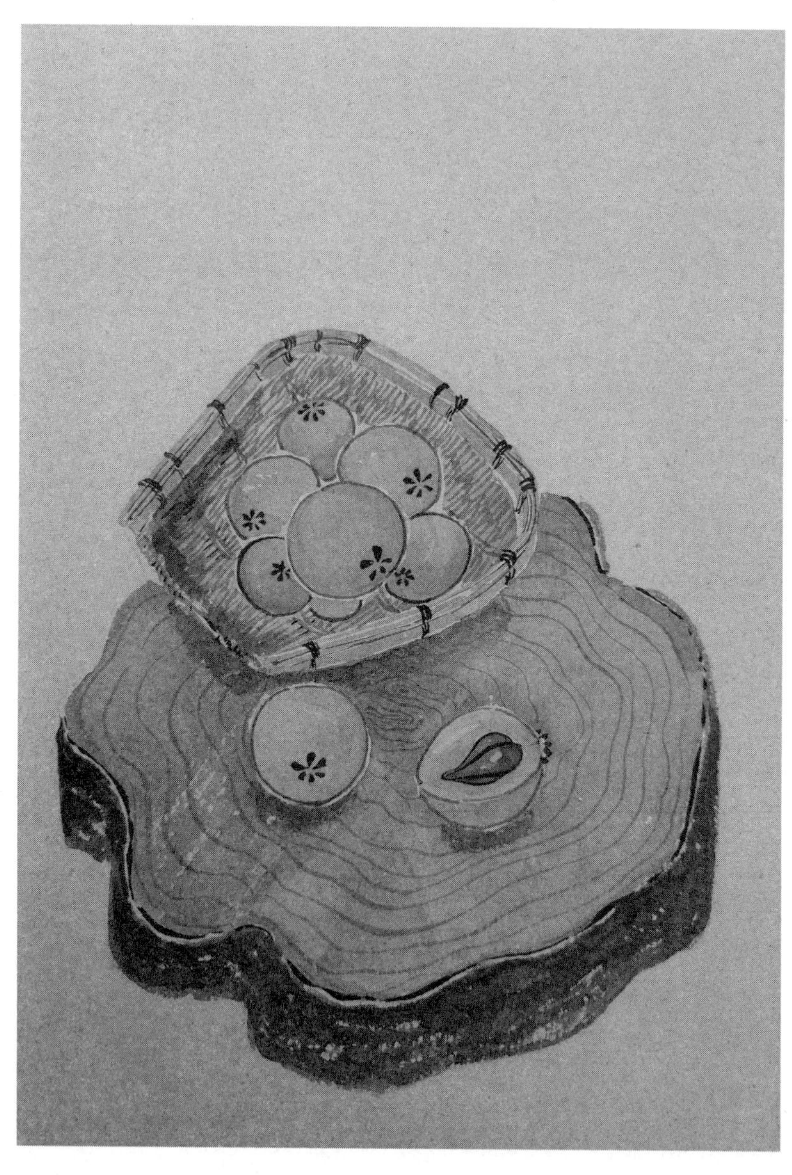

手绘水果，槚珉供图

香港街头，黄素贞供图

背景来看，应该与《维摩诘经》有关。尾联期盼抗战胜利。

朱文另载他人所作斗茶诗并未署名。笔者读向楚《空石居诗存》见到此诗，题为《朱铎民榷使属题维摩室用斗茶韵》[1]。林思进1939年农历八月十六日致朱镜宙的信中提到："仙乔近往峨眉任四川大学文学院长，寓报国寺中，如与通问，径题报国寺便可递到也。"[2]向诗可能写于这之后不久。

丈室维摩静不哗，秋高雁到菊扬花。
梦回槐国疑看画，听惯瓶笙爱煮茶。
鸡犬图书唐杜牧，儒林文苑鲁朱家。
东坡亦愿嘉州守，退息焚香对九华。

首联"丈室"指朱镜宙的"维摩室"。颔联"槐国"句典出《南柯太守传》，淳于棼梦醒在树洞里见到蚂蚁，才明白不过是大梦一场。前人用瓶煮茶，水声响起如同吹笙，故名"瓶笙"。"鸡犬"句典出唐人杜牧《郑瓘协律》："广文遗韵留樗散，鸡犬图书共一船。自说江湖不归事，阻风中酒过年年。"[3]"朱家"典出《史记》："鲁朱家者，与高祖同时。鲁人皆以儒教，而朱家用侠闻。"此处双关朱镜宙。尾联与苏轼有关。苏轼年轻时入京赶考，路过嘉州有诗："少年不愿万户侯，亦不愿识韩荆州。颇愿身为汉嘉守，载酒时作凌云游。"[4]"韩荆州"指唐人韩朝宗。"韩荆州"云云出自李白《与韩

1 向楚：《空石居诗存》（四川大学出版社，1988）第85—86页。
2 见《朱铎民师友书札》（浙江古籍出版社，2019）第61页。
3 胡可先选注：《杜牧诗选》（中华书局，2005）第218页。
4 张志烈等主编：《苏轼全集校注》（河北人民出版社，2010）第五册，第3585页。

荆州书》，因韩喜奖掖后进。“九华”一般指九华山，苏轼口中所谓“九华”乃属文人赏玩的奇石。苏有诗赞之：“五岭莫愁千嶂外，九华今在一壶中。”[1]

庞俊早前就应朱镜宙题诗之请，为章太炎诗卷和陈石遗文卷题过诗[2]。此番也为《维摩室图》题诗。诗云：

簿领闲时鸟不哗，吟边灯火战场花。
高楼望佛春携屦，禅榻呼童夜煮茶。
入蜀鹤琴因避地，濒江鱼麦便移家。
知君载酒凌云罢，画里婆娑水木华。

首联“簿领”即公文、案卷。陆游官嘉州时有诗云：“经年簿领无休日，却向忙中得少闲。”[3]颔联“高楼”句原注“用剑南登楼望雨大像诗”[4]。陆游官嘉州时曾作《雨中登楼望大像》：“却该输老夫，新春买芒屦。”[5]“煮茶”代指闲适生活。前朝官员入蜀，随身只带一琴一鹤，都是高雅之物。朱镜宙宰西康税务声誉颇佳。“移家”或言朱迁榷事。尾联“载酒凌云”可与苏轼“载酒时作凌云游”[6]相参观。“画里”句言嘉州（乐山）风景佳美。

1 苏轼：《壶中九华诗》，载《苏轼全集校注》（河北人民出版社，2010）第七册，第4355页。
2 两诗均见《养晴室遗集》（巴蜀书社，2013）第109页。
3 《剑南诗稿校注》（浙江古籍出版社，2016）第一册，第290页。
4 原文“剑中”应当是排印错误，当为“剑南”，指陆游诗。
5 《剑南诗稿校注》（浙江古籍出版社，2016）第一册，第295页。
6 张志烈等主编：《苏轼全集校注》（河北人民出版社，2010）第五册，第3585页。

1939年农历八月十六日（9月27日），林思进致信朱镜宙："顷奉惠笺，知拙题《维摩室诗》已达棐几。"[1]由此可知，林为朱题诗在此之前。马一浮的题诗也作于同一时期。江庸《题朱铎民维摩室图》写于他自乐山回到重庆之后。朱镜宙期间也向曹经沅邀诗，但曹1939年11月转道昆明，经缅甸、印度入藏。为朱题诗事发生在1940年初，曹刚从西藏回来不久。同年，朱镜宙辞去公职。朱是年到复性书院访马一浮，也去荣县谒见过赵熙。赵诗《题铎民维摩石室图》[2]可能就作于朱拜访前后。朱镜宙致信黄群（1883—1945，字旭初）提及见赵熙事，黄"因用《维摩室图》诗原韵赋答"。诗云：

香宋楼前静不哗，遥知妙舌粲莲花。
欲寻岛佛三年句，先吃赵州一盏茶。
玉甑龙湫俱胜境，荡南希晦各诗家。
德门自昔传书种，莫为耽吟恼鬓华。[3]

谢作拳编《朱铎民师友书札》收录赵熙信件三通，可为朱见赵熙事提供佐证。黄群诗首联想象两人畅谈情景。赵是诗坛名家，朱也雅好吟咏，有共同话题，故云"舌粲莲花"。"岛佛"指乐山大佛。"三年"句化用贾岛诗"二句三年得，一吟双泪流"。"赵州一盏茶"借用禅宗典故指称朱拜访赵熙事。"玉甑"指玉甑峰，位于朱镜宙家乡乐清白石山（又名中雁荡山）。"荡南"指朱谏，著有《荡南集》。"希晦"指朱云松，著有《云松巢诗集》，二朱都是乐清人。

1　见《朱铎民师友书札》（浙江古籍出版社，2019）第61页。
2　见《赵熙集》（浙江古籍出版社，2014）第796页。
3　见《黄群集》（上海社会科学院出版社，2003）第301页。

尾联言朱镜宙出身“德门”，不必为吟咏之事操心。

黄群诗提及所谓“《维摩室图》诗原韵”，指的是朱镜宙之前所写的三首斗茶诗的韵脚。黄早前就曾次韵回复。诗云：

傍山筑屋绝纷哗，身净应无着散花。
图出争看维诘画，诗成闲饮已公茶。
乌尤百丈岩前佛，雁荡三秋梦里家。
引退依然思国恤，知君不使鬓空华。[1]

首联“傍山”句言朱氏居所和身心状态。“图出”句原注“图为王献唐所作”。“公茶”句原注“室距万佛寺甚近”。颈联“乌尤”句言乐山大佛。“雁荡”指雁荡山，代指朱氏家乡。尾联言朱氏虽已去职，但不忘忧国，更不会虚度光阴。

1941年，朱镜宙将绘画题诗相关经历写成《维摩室即事》[2]，发表于《海潮音》。文中所述部分题诗落款非常奇怪，如“廿八年九月湛如先生属写并题希两正”，“己卯秋湛如尊兄属题　蠲叟马孚”。“马孚”指马一浮，但“湛如”究竟指谁，实在莫名其妙。某日，笔者读《乐山历代诗选》见到王献唐题诗。该诗校记云所收王诗出自一块诗碑。该碑镶嵌在乌尤寺弥陀殿后行道侧墙壁，碑高约33厘米，宽约117厘米，诗后跋云：“廿九年三月湛如先生属作维摩室图，步花茶韵赋题一律，睎两正。”图上篆文“维摩室图”四字并有

1　卢礼阳辑：《黄群集》（上海社会科学院出版社，2003）第298页。
2　该文见《海潮音》（1941）第22卷，第2号。

题识：“湛如先生雅属，廿八年秋琅琊王献唐嘉州作。”该校记还指出“湛如”即张名颐（字真如），时在复性书院任教。[1]

这个说法更奇怪，如果“湛如”确是张真如，早在1939年9月，王献唐就应该为其绘过图，但《维摩室图》是为朱所绘。至于早前绘在纸上的图为什么会出现在墙壁，应该是王献唐应“湛如”之请，将绘画并诗摹写于墙上，再请匠人镌刻成图，故而“湛如”应该就是朱镜宙。为何不署名“镜宙”或“铎民”，还是令人疑惑。笔者读《梦痕记》始知朱信佛就始于此时，署名“湛如”可能指向朱内心所慕。据马一浮1942年致朱信所说：“仁者题其居曰‘维摩室’，则出世已竟矣，何须更出。”[2]朱镜宙1937年出任川康区税务局局长，督税颇有成效，却因此患上严重失眠症。朱跟马谈过出家想法，是以马奇怪他“出世已竟，何须更出”。这或可为朱署名“湛如”提供佐证。

朱镜宙《维摩室即事》没有收录全部斗茶诗，但朱评价《斗茶集》的意见值得重视：“《斗茶集》者，闽侯江参政翊云（庸）同客嘉州时所辑，限韵唱酬，多流离感伤之辞。”于江庸诸人而言，家事国事天下事，谁都不可能置身事外，所作斗茶诗寓个人际遇与家国情怀于一体也就不难理解了。

1941年，柳亚子因皖南事变避居香港，收到南社社员朱镜宙请

1 见《乐山历代诗集》（乐山市市中区地方志办公室，1995）第218—219页。
2 见《马一浮全集》（浙江古籍出版社，2013）第二册，第682页。

题要求，旋作《题朱铎民〈维摩室图〉，即次其自题原韵》[1]。这首诗也没有收入《维摩室即事》。既云“次其自题原韵”，应该就是朱氏所作三首斗茶诗。柳诗云：

世界修罗万窍哗，维摩丈室散天花。
九州龙战三分鼎，五夜鸡鸣一盏茶。
自昔嘉州称乐国，几人苌楚念无家。
田横穷岛吾终幸，袖手南溟阅岁华。

“万窍哗”出自《庄子》“万窍怒号”之说。“五夜”句原注“沫若先生龙战与鸡鸣一文，辄复效颦，不嫌唐突否”。1941年7月，郭沫若《龙战与鸡鸣》谈到1939年旧作《登尔雅台怀人》。柳亚子“效颦”之说是指其诗颔联受郭诗“龙战玄黄弥野血，鸡鸣风雨际天闻”启发。郭诗典出《易经》：“上六，龙战于野，其血玄黄。”郭沫若《感时四首》也说：“龙战玄黄历有年。”[2]可见是常用典故。“苌楚”用《诗经》典故。“田横”句用田横坚守气节事。“袖手”句言闲读《庄子》打发时间。

柳亚子（1887—1958），吴江人，诗人，南社创始人，居港期间所作斗茶诗超过二十首，这些诗大多作于1941年11月到12月之间，或怀念旧友，或纪述交游，或自抒胸臆，被赋予了更加显豁的时代色彩。

1 柳亚子：《磨剑室诗词集》（上海人民出版社，1985）第937页。
2 见《郭沫若全集 文学编》第2卷（人民文学出版社，1982）第354页。

朱镜宙信佛。图为茶空间内的佛像，摄于 2015 年

茶室，周亚山供图

香港街头的凉茶店，黄素贞供图

11月11日这天，柳亚子记得很清楚，如果革命烈士张秋石（1901—1927）还活着，那她这天正好41岁。此时，距她在南京被绞杀已经过去14年。柳亚子情不自禁，写了三首斗茶诗。第三首[1]如下：

嵩生岳降万灵哗，侥幸长松荫弱花。
驹隙光阴真草草，鸦盘髻样忆荼荼。
豆萁煎逼仍前辙，琴剑飘零愧有家。
安得莫愁湖上月，照君虚冢在京华。

首联“嵩生岳降”典出《诗经·大雅·崧高》：“崧高维岳，骏极于天。维岳降神，生甫及申。”[2]本为旧时祝寿用语。据原注可知张秋石与孙中山生日只相差一天[3]。“驹隙光阴”即白驹过隙，言时间过得飞快。“鸦盘髻样”即盘黑发成髻。“豆萁”典出曹植《七步诗》。“莫愁湖”位于南京秦淮河畔。苏轼悼亡词云“千里孤坟，无处话凄凉”，柳诗尾联言月照荒冢，意思相似，思念对象不同。

11月12日，是孙中山诞辰，部分在港友人相聚于柳家羿楼。柳亚子共作斗茶诗两首，题为《中山先生诞辰第七十六周年纪念感赋一律》[4]。其二云：

鼎湖龙去哭声哗，凄绝中山陌上花。
原庙衣冠愁对贼，遗黎丰沛苦茹荼。[5]

1 《磨剑室诗词集》（上海人民出版社，1985）第941—942页。
2 周振甫：《诗经译注》（中华书局，2013）第472页。
3 柳诗原注：“君后国父三十五岁生，诞辰则先于一日，亦异数也。”
4 《磨剑室诗词集》（上海人民出版社，1985）第942页。
5 柳诗原注：“古无茶字，荼即茶也。”

惠陵已惜禅非备，天策休夸国是家。

七十六年青史在，好凭灵爽护中华！

首联“鼎湖龙去”指孙中山去世。白居易的《江南遇天宝乐叟》云“鼎湖龙去哭轩辕”可参观。“中山”指南京中山陵。“愁对贼”之“贼”指日本侵略者。“苦茹荼”言沦陷区民众生存艰辛。“惠陵”本指刘备陵寝。“禅”原注“叶平”即叶平韵。“禅非备”即刘禅不及刘备雄才大略。“七十六年”指孙中山诞辰七十六周年。

11月16日，朋友谪生招集大家相聚于弥敦道画室，同座者包括画家李铁夫（1869—1952，广东鹤山人）、裕芳、金铭、世杰、天纪、耀聪、普天诸人。柳亚子赋诗呈李铁夫：

失途真遣步兵哗，邻比流莺密巷花。

坐上冰啤权当酒，帘前英武惯呼茶。

纵横意气齐髡舄，狼藉河山道济家。

领袖群伦尊一老，各持椽笔卫吾华。[1]

首联柳诗原注：“谪生居地下，其门外榜曰‘女医汪二姑’，余逡巡却步不敢叩扉，直上二楼，又遭闭门之拒。几欲途穷返驾矣，举遇警士导之，始得达。”意即在警察带领下才找到谪生住处。“坐上”句原注“有冰啤一军持，觅开瓶具不得，则碎其颈而饮之，曰此革命作风也”。“帘前”句原注“有白鹦鹉一，毛羽极美”，即用“鹦鹉唤茶”典故。“狼藉”句原注“君画颇近清湘大涤一流”。

1　《磨剑室诗词集》（上海人民出版社，1985）第944页。

李铁夫跟孙中山有旧，曾出钱资助革命事业，是孙口中的画坛巨擘。“领袖”句言李氏地位。“各持”句言以笔以枪保卫中华。

11 月 16 日，香港文协分会为郭沫若举办“祝寿会”。柳亚子、端木蕻良于会上相遇。柳邀端木去家里叙谈并作诗相赠，题为《端木蕻良过存，述东北过去痛史甚详，感赋一首》[1]。

君言痛史我宁哗，白刃黄金碧血花。
鳄浪鲸波堪雪涕，鬓丝禅榻坐煎茶。
风云鼎鼎成今日，禾黍离离念故家。
还喜孝侯能晚盖，晋阳一旅拯中华。

端木蕻良（1912—1996），本名曹汉文，又名曹京平，辽宁昌图人。“君言”句，言一个讲得痛快，一个听得动情，着一“哗”字而情态尽出。“碧血”，典出《庄子》，指忠臣义士之血。“鳄浪鲸波”，犹言惊涛骇浪，比喻处境凶险。“雪涕”，为端木所讲往事而感动流泪。“鬓丝禅榻”多见于茶诗，本义如老僧般隐居生活。“禾黍”，泛指粮食作物。“晚盖”，喻指改过自新。不久，柳亚子作《再赠蕻良一首，并呈萧红女士》[2]。

谔谔曹郎奠万哗，温馨更爱女郎花。
文坛驰骋联双璧，病榻殷勤伺一茶。
长白山头期杀贼，黑龙江畔漫思家。

1 《磨剑室诗词集》（上海人民出版社，1985）第 949 页。
2 《磨剑室诗词集》（上海人民出版社，1985）第 950 页。

云扬风起非无日，玉体还应惜鬓华。

“曹郎”即端木蕻良。“谔谔”言两人谈话时曹氏直抒己见。“女郎花”指萧红。1937 年，曹、萧相识，并于次年 5 月在汉口结婚。柳诗赞夫妻两人驰名文坛。“病榻”句言曹日常照顾萧红。长白山、黑龙江皆在东北，喻指两人家乡，东北时已陷入敌手。柳诗尾联言抗战一定会胜利，叮嘱萧红保重身体。“云扬风起”典出刘邦《大风歌》：“大风起兮云飞扬，威加海内兮归故乡，安得猛士兮守四方？”[1]

11 月 18 日，柳亚子前往九龙城拜访李铁夫并赋诗相赠。诗前有序：“铁夫先生出示近诗，有‘专待春雷惊梦回，一声长啸安天下’句，又命观在香港为画家冯钢伯先生及留学纽约美术大学时为同学某女郎所绘造像，欢喜赞美，不可无诗。”简单来说，即柳诗看画有感作诗记之。此后不久，涵真、徐若虹伉俪出面邀请李铁夫小饮，柳亚子作陪。对于这次聚会，柳氏显然很满意，作诗一首，诗前亦有序：“若虹为徐宗汉女士所出，克强先生之谊女也。酒罢敬观国父孙先生与杨衢云、陈少白、尤少纨、关心焉诸先生合影及克强、宗汉两先生民国三年在美洲赴檀香山、埃仑顿诸埠全体华侨欢迎大会所摄相片。壁间悬宗汉先生造像出铁老手笔。又海滨风景一幅，则铁老二十七年前持赠克强先生者也。党碑名字，国史珍闻，并收拾作锦囊诗料矣。”[2] 显然，柳亚子有意作诗史。

斫桂吴刚月窟哗，女雄娇女艳如花。

1 见《赋珍》（山西高校联合出版社，1995）第 61 页。

2 《磨剑室诗词集》（上海人民出版社，1985）第 946 页。

醉人德意醇醪酒，款客浓情云雾茶。

一老龙潜身是史，几人虎变国为家。

中山不作长沙逝，棋局丛残感岁华。

柳诗首联“吴刚伐桂”典故。“女雄”句原注：“宗汉先生躬预黄花岗之役，脱克强先生于险，后又组织暗杀队，命其姊子李沛基炸毙清将军凤山于广州。若虹夫人明慧慷爽，饶有母风。”“宗汉”即徐宗汉，黄兴之妻。“醪酒”指味道醇厚之酒。“云雾茶”一般指绿茶，有名者如庐山云雾茶。“一老”言李铁夫这位革命老人隐迹香港。“几人”句言掌权者心意难测。“中山”句言孙中山功业未竟而身死。“棋局”句言局势不明而年华老去。

11月30日，柳亚子陪同友人去九龙医院看望次女柳无垢（1914—1963），顺道拜访萧红并作《赠萧红女士病榻》[1]。

轻飏炉烟静不哗，胆瓶为我斥群花。

誓求良药三年艾，依旧清谈一饼茶。

风雪龙城愁失地，江湖鸥梦倘宜家。

天涯孤女休垂涕，珍重春韶鬓未华。

“轻飏”句，写萧红居所安静。“胆瓶”句，据原注可知，柳亚子带了丛菊去探病，萧红把旧花丢掉换上菊花。“三年艾”，典出《孟子》，指良药，历代诗人多有沿用。“依旧”句，指清谈似茶。“风雪龙城”，代指萧红家乡。王昌龄《出塞》诗云：“但使龙城飞将在，

1 《磨剑室诗词集》（上海人民出版社，1985）第954页。

不教胡马度阴山。”“鸥梦”，指隐居意愿。萧赠柳诗有“天涯孤女有人怜”句。据《柳亚子年表》说法，两人在香港结识后以兄妹相称。“天涯”“珍重”两句，是兄长对小妹的勉励之辞：大好年华，不要悲伤，不要哭泣。

12 月 7 日，柳亚子游元朗，在李苑题壁一首。

日暖风和浪不哗，松篁夹道间丛花。
闭门玄德思锄菜，病渴卢同合种茶。
航海梯山期报国，畜鱼引水便为家。
荔枝三百馋吾吻，逭暑重来遣岁华。[1]

首联“日暖”句写过海情况。“松篁”句写环境。颔联“玄德”指刘备，其种菜乃是韬光养晦。“卢同”即唐人卢仝。颈联“航海梯山”即过海登山。“畜鱼引水”即引水养鱼。尾联“荔枝”句化用苏诗“日啖荔枝三百颗”。“逭暑”句言夏天再来避暑，打发时间。

1941 年 12 月 7 日，日本偷袭珍珠港。12 月 9 日，在朋友们的建议下，柳亚子从九龙渡海到广东乡间。柳作《十二月九日晨从九龙渡海有作》[2] 记之。

芦中亡士气犹哗，一叶扁舟逐浪花。
匝岁羁魂宋台石，连宵乡梦洞庭茶。

1 《磨剑室诗词集》（上海人民出版社，1985）第 954 页。
2 《磨剑室诗词集》（上海人民出版社，1985）第 955 页。

轰轰炮火惩倭寇，落落乾坤复汉家。

挈妇将雏宁失计，红妆季布更清华。

首联“芦中亡士”用伍子胥逃亡途中隐身芦苇丛事。太平洋战争爆发后，柳亚子夫妇在地下组织的帮助下乘小船渡海。颔联“宋台”即九龙宋王台省称。“洞庭茶”从“乡梦”推知，应指太湖的东洞庭山和西洞庭山所产之茶，或指碧螺春。柳亚子家乡吴江即在太湖之滨。“轰轰”句言沉重打击侵略者。“落落”句盼我军胜利。“挈妇将雏”即拖家带口。

除上述诸诗，柳亚子寓港期间还写过不少斗茶诗，有的怀念死者（杨云史），有的寄给内地友人（林力山），有的赠给方外之交（释了如）。复有与郭沫若、董必武等相关斗茶诗，笔者留待下文详述。其中，《感事一首》[1]更能代表柳对时事的看法。

死殉能狂瘈狗哗，怜渠命定似樱花。

愤兵自掘嵎夷墓，革命初焙富士茶。

薪火早知关大计，提封至竟属谁家。

孟明三败终须洗，犄角相期奠夏华。

首联以“瘈狗”（疯狗）代指日本侵略者，云其命运似樱花，自然不会长久。颔联“嵎夷”为地名，出自《尚书》，具体所指学者们有多种假说，大致方位在中国东方。“富士”指日本富士山。辛亥革命的领导机关最初就是在日本建立的。颔联言侵略者自掘坟

1　《磨剑室诗词集》（上海人民出版社，1985）第 953 页。

墓。“薪火”句言前仆后继大无畏牺牲精神。“提封”句言团结一致抗日。“孟明”为春秋时秦国的大臣，跟晋国交战，数次战败被俘，最后一举灭晋。尾联言中国抗战必胜。

陪都人际：散席分尝胜利茶

1937 年，国民政府下令西迁，群英会聚于山城重庆。斗茶诗从成都传到重庆，经过乐山交游圈、峨眉山僧及数位四川大学教授之手，蔚为大观。又因朱镜宙广征题咏和柳亚子南游香港一段经历，斗茶诗被赋予了鲜明的时代色彩。早在 1939 年的重庆，湖南人陈毓华便参与了斗茶诗创作，主要唱和对象是章士钊。

陈毓华（1883—1945），字仲恂，号石船，湖南桂阳人。与章士钊关系密切，为同学、同事兼诗友，跟赵熙、江庸、曹经沅、林思进、刘成禺、高二适、李烈钧、汪东也有诗信往来。陈住重庆康宁路 17 号[1]，与章士钊经常见面。陈也是有心人，晚年整理诗集，将所作斗茶诗汇集一处，凡 23 首。其中大半跟章士钊相关。如《次韵行严归示近诗》《三叠行严过饮有赠》《乡居怀行严五叠》，等等。陈诗第三首题为《再叠雨夜怀行严》[2]。诗云：

短楼般有万鸦哗，在目情山雾染花。

剧念高居欠蛮素，岂嗔残客索烟茶。

1　见《黄炎培日记》（华文出版社，2008）第 7 卷，第 83 页。

2　据陈毓华：《石船诗文存》（1992 年自印本）第 126 页。

雄吟难掩风云气，玄抱微矜著作家。

隔雨佳人怜咫尺，酒宵歌哭损年华。

首联“短楼”句言居所安静。“在目”句言雾气笼罩花木。“蛮素”本指白居易家伎小蛮、樊素，皆能歌善舞。“残客”指剩余之人、无用之人、依附他人之人，也指宴会上留下未走之人。李商隐诗云：“客散酒醒深夜后，更持红烛赏残花。”[1]“风云气”或指章氏诗风豪迈。“隔雨”句化用李商隐《春雨》诗：“红楼隔雨相望冷，珠箔飘灯独自归。”[2]陈诗颔联说“欠蛮素”，尾联又说佳人近在咫尺而不可得，唯饮酒痛哭自遣。章士钊和陈诗[3]如下：

一字乡音似水哗，过多秋气半残花。

漫将厨传夸行客，妄意钗行献晚茶。

湖海楼台付诗卷，枇杷门巷访人家。

巴山着子关天意，剩为情痴哭岁华。

首联言两人聚会，说着家乡话，聊聊家常。“厨传”，古代指供应过客车马食宿的旅馆。“晚茶”指采摘过时之茶，或上茶时机不对。“湖海”句指以湖海楼台为题诗对象。“枇杷门巷”指妓女居所。唐人王建《寄蜀中薛涛校书》：“万里桥边女校书，枇杷花里闭门居。”[4]尾联“情痴”对应陈诗“隔雨佳人”。

1 冯浩笺注：《玉溪生诗集笺注》（上海古籍出版社，1979）第235页

2 冯浩笺注：《玉溪生诗集笺注》（上海古籍出版社，1979）第663页。

3 见《章士钊诗词集 程潜诗集》（湖南人民出版社，2009）第180页。

4 尹占华校注：《王建诗集校注》（巴蜀书社，2006）第373页。

陈诗第五首题为《四叠夜与行严夷午剧谭》。“夷午”即赵恒惕（1880—1871），字夷午，衡阳人，曾任湖南省省长，与陈毓华关系密切。赵为陈《石船诗文存》题签并作序。陈诗第十一首题为《孤桐拟倾橐为刊鄙集感愧其意十叠》[1]，即章士钊表示愿意出钱帮陈毓华刊印诗集。诗云：

敢提瓦缶抵雷哗，才尽江郎笔不花。
讵分疗贫长煮字，差堪赌典免倾茶。
党声雅自倾膺泰，侠抱今犹见解家。
乞序士安君定许，酬知生世结棠华。

首联“瓦缶抵雷哗”即前述“瓦釜雷鸣”。“才尽”句用“江郎才尽”典故，自谦之辞。“讵分”句自嘲生计维艰。“倾茶”句用李清照“赌书泼茶”典故。“侠抱”句用《史记》游侠郭解双关章士钊。尾联“棠华”用《诗经·小雅·棠棣》典故：“棠棣之华，鄂不韡韡，凡今之人，莫如兄弟。”[2]“酬知”句言兄弟知己之情。

陈毓华其他斗茶诗，或写闲居，或写市景，或写与人交游（钱问樵、谭仲辉），或写怀念故人（樊增祥、陈三立），其中两首与端方有关。第一首题为《九叠忆秦淮昔游》[3]。“秦淮”指南京秦淮河。陈诗回忆往昔，当有值得怀念之事。

1 陈毓华：《石船诗文存》（1992年自印本）第129页。
2 周振甫：《诗经译注》（中华书局，2013）第230页。
3 陈毓华：《石船诗文存》（1992年自印本）第129页。

盖碗茶，李文婧摄于重庆涂山寺

普洱茶画，槚珉供图

听雨歌楼管吹哗，刘郎平视六朝花。
几烦纤手分卢橘，亦博流波递芥茶。
座上青衫皆泪影，江南黄叶本吾家。
妙年趋府今头白，还到鹃乡哭宝华。

首联“刘郎”指刘禹锡，其《台城》诗云：“台城六代竞豪华，结绮临春事最奢。万户千门成野草，只缘一曲后庭花。”[1]吴、宋、齐、梁、陈、东晋俱在南京建都，却无一例外走向灭亡。“几烦”句言歌伎分橘待客。周邦彦会名妓李师师，有“素手破新橙”句，正是纤纤玉手。“芥茶”原注“见板桥杂志”。清人余怀《板桥杂记》记秦淮狭邪之事，不过吊古伤今、感怀流连之作。陈诗提到“芥茶”与《板桥杂记》中的张魁有关。张氏美姿容，常出入青楼，穷困之际，贩芥茶获利，花钱如流水，终于潦倒而死。“座上”句典出白居易诗：“座中泣下谁最多？江州司马青衫湿。”[2]苏轼《书李世南所画秋景》诗：“扁舟一棹归何处，家在江南黄叶村。”[3]尾联将往事与现实对照。“鹃乡”用杜宇典故。“宝华”原注：“端忠敏督江南，于署中葺宝华庵落成日，公语余曰：他日当以居君耳，盖指贱名为谑也。”陈诗另一首题为《怀端忠敏师十九叠》[4]。

平原倾士夜樽哗，争买吴丝绣衮花。
一室分尝天府饼，双筇偕啜佛岩茶。
银钩映澈争墩榭，宝鼎漂零估舶家。

1 见《刘禹锡集》（中华书局，1990）第310页。
2 顾学颉校点：《白居易集》（中华书局，1999）第343页。
3 张志烈等主编：《苏轼全集校注》（河北人民出版社，2010）第五册，第3167页。
4 陈毓华：《石船诗文存》（1992年自印本）第133页。

今日重庆，孙剑供图

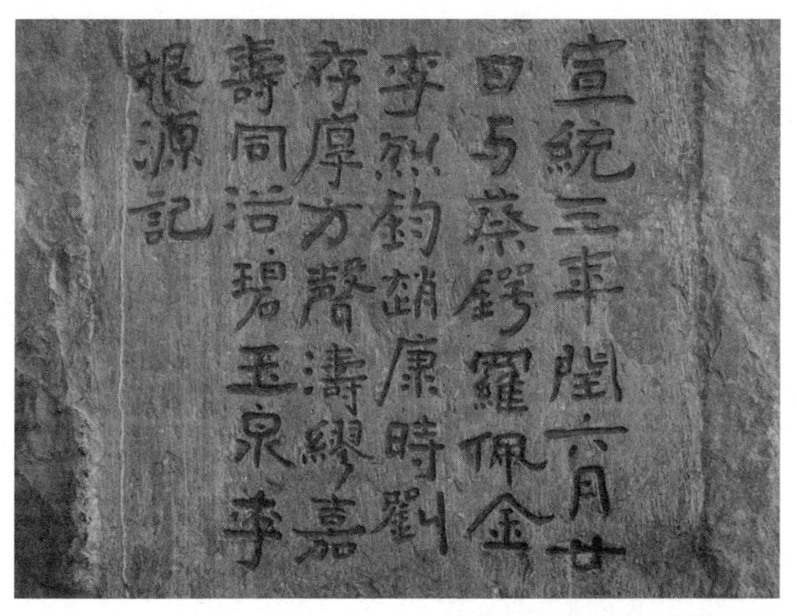

李根源游安宁刻石纪念，作者摄于 2018 年

黄米戟庭三易主，此生那可梦京华。

首联用战国平原君赵胜典故代指端方。赵为“战国四公子”之一，以好客养士著称。李贺《浩歌》云：“买丝绣作平原君，有酒惟浇赵州土。”[1]“天府饼”指四川所产之饼。“佛岩茶”指峨眉所产之茶。颈联“银钩”句原注“公重葺半山亭”。“宝鼎”句原注“所藏毛公鼎为千古神物”。陈毓华误以为这只西周鼎流落海外，故云“漂零估舶家”。20世纪50年代，此鼎为丁惠康所得并捐赠国家，川中名宿张澜作诗相赠。尾联“黄米”句原注“公在北京居黄米胡同”。

陈毓华原配为曾国藩的曾孙女，“管理”丈夫很有一手，连老上司端方都知其“怕”老婆。某次，端方以电影招待客人及属下，忽有“陈仲恂怕老婆”字幕映出，群情哗然。陈与端方关系极好，这个玩笑也开得别出心裁。陈毓华晚年颠沛流离之际，有一吴姓美姬相随，陈为其取字“竹君”，亲友称其为吴先生。“毒舌”钱锺书总结过：“老年人恋爱，就像老房子着火，救不了。”红袖添香夜读书听起来很美，只有身边老友才知其中苦。与章士钊、陈毓华颇有交情的潘伯鹰有诗云：“忽惊半面啼妆恶，亦与夫人较后先。”[2]该诗题为《同行丈嘲陈仲恂夜半为妾所诃》。

陈毓华与晚唐诗人李商隐经历颇有相似处，少年以才名闻达于前辈，富诗才，一生大多数时间都是给人当幕僚[3]。李商隐活不过五

1　见《三家评注李长吉歌诗》（上海古籍出版社，1998）第55页。

2　潘伯鹰：《玄隐庐诗》（黄山书社，2009）第93页。

3　薛大可为陈毓华诗集题词，云其“一世生涯莲幕客”。见《石船诗文存》（1992年自印本）第27页。

旬，陈毓华也才活了六十二岁。李商隐《锦瑟》诗云："锦瑟无端五十弦，一弦一柱思华年。"[1]陈毓华一生作斗茶诗二十三首，自遣抒怀，述说友情，多有可观之处。与其他斗茶诗一样，陈诗多用关于茶的典故。茶当酒、酒当茶之类的典故，由于大家都在用，用得多了，容易成为套话，旁人读得多了，也以为诗人在敷衍，岂不知读诗亦如品茶，年岁不同，心境各异，茶味、诗味自然也不一样。即便是同一典故，在不同诗作上，往往也充满了言外之意，值得细细品味。

与章士钊、赵熙、江庸都有关系者是书法家高二适（1903—1977）。1937年，高二适由画家陈树人推荐，任国民政府立法院科员。1937年10月，高二适随立法院院长孙科居独石桥，公事之余常读孟浩然诗集。孙府园中有无名小亭，章士钊前往做客，指着小亭说，湖北有纪念孟浩然而修的孟亭，这座亭子不妨叫作"高亭"。自相识以来，章对高始终高看一眼，常在友朋间为其延揽声誉，甚至让高二适代他抄诗寄给赵熙（《调二适钞诗代寄香宋翁并呈翁一笑》[2]）。赵熙工诗擅书，高二适长于章草，这番安排引荐之意十分明了。

自赏风流有客哗，伾如击鼓代催花。
吟情犹自留须领，诗味还期别荈茶。
谁使陈遵传恶札，未知枚叔可名家。
浮沉大抵皆芜杂，万古江河洗物华。

1　冯浩笺注：《玉溪生诗集笺注》（上海古籍出版社，1979）第20页。
2　见《章士钊诗词集 程潜诗集》（湖南人民出版社，2009）第50页。

海棠花，作者摄于 2019 年

首联“有客哗”指有人持不同意见。“俨如”句化用“击鼓催花”。“别筅茶”本意指鉴赏茶叶。颔联说吟情自留，诗味别期，意指诗人写出来的诗水平如何，还要请真正懂诗者来评判。赵熙为蜀中诗坛祭酒，这话是代高二适向赵示好。西汉人陈遵找人代写私信，一般由他口述大意，再由书手写出。章士钊让高二适给他抄诗行为与陈遵相似，故自嘲“恶札”。赵熙贵为前清进士，饱读诗书，自然知道这段典故。章士钊目的不在此，而在“未知”句。《文心雕龙》云：“古诗佳丽，或称枚叔。”这是章士钊在向诗坛名家赵熙推荐高二适。尾联意即“大浪淘沙始见金”。赵熙复诗题为《寄行严》。

泠泠古调破群哗，落笔真开第一花。

吟尽三巴应脱稿，世无陆羽不思茶。

见开劫火成何极，文史嵇山本一家。

三户亡秦原有谶，楚台高处榜章华。

首联“泠泠古调”化用刘长卿《听弹琴》：“泠泠七弦上，静听松风寒。古调虽自爱，今人多不弹。”颔联“不思茶”言茶圣陆羽及其《茶经》影响巨大。前人有诗赞叹：“自从陆羽生人间，人间相学事新茶。”[1]颈联“劫火”或指兵火。“嵇山”指晋人嵇康、山涛，皆属竹林七贤。尾联“三户”句典出《史记》：“楚虽三户，亡秦必楚。”章是湖南人，故言。

斗茶诗唱和未发生之前，高二适就寄诗赵熙请益。斗茶诗唱和火热之际，两人同样唱和不断。赵寄高的《寄题二适独石桥居 北碚附近》《答二适》数首都是斗茶诗。赵熙《二适书来聊寄》对高也持正面肯定意见。

仙梵为庐绝市哗，几年忠爱託江花。
乡心望尽东淘月，宦味清于北碚茶。
五亩忽添春水社，一堂新避水为家。
孺人稚子如亲见，醉里长歌功薛华。

首联“仙梵”指道教徒诵经声，用来措代高氏居所。高二适是江苏东陶（今属泰州市）人。颔联“东淘月”用王阳明弟子王艮开办东陶精舍书院事。“北碚”在重庆，赵熙言“北碚茶”有双关之意，既用地名北碚代指重庆，又指向宋代产于福建的北碚贡茶。与其说“宦味清于茶”，不如说诗味清于茶。“醉里”句典出杜诗《苏端薛复筵简薛华醉歌》，用来称赞高二适才华。

1 《梅尧臣集编年校注》（上海古籍出版社，1980）第 1008 页。

江庸、章士钊都是法学界名人，都是执业律师，也是唱和频繁的诗友。江庸去乐山之前曾邀章士钊同去。章作《翊云书来约游嘉州诗以谢之》：“一事羡君腰脚健，梁园病客枉相谋。”[1]“梁园”即梁孝王东苑。李商隐诗云：“休问梁园旧宾客，茂陵秋雨病相如。”[2]章士钊身体欠佳，故自称病客。江庸身体好跟年轻时的锻炼有关。1900年，江庸入京应试，取道陆路回川，过西安遇到驿差，同乘驿马赶路，日夜奔驰于栈道中。原本二十八天行程，江庸用十三天就抵达了目的地[3]。江庸认为自己筋骨就是在这次壮举中得到了锻炼。

这次乐山之约，章士钊虽未与江庸同行，但两人之间唱和未断。收到江庸寄诗，章作《翊云诗来述嘉州趣“纕蘅二适同看”诗以答之》。章、高、草三人同看之诗，就是江庸二十叠韵写给曹经沅之诗（见前述）。章诗云：

有客经过笑语哗，山栀香送殢人花。
骤凉不用蒲葵扇，消渴频添普洱茶。
惜别共怀江令宅，往诗先送杜陵家。
嘉州野趣真堪羡，茅屋秧田浸月华。[4]

首联写时令及场景。颔联“蒲葵扇”又称蒲扇或葵扇，质轻价廉，

1　见《章士钊诗词集 程潜诗集》（湖南人民出版社，2009）第24页。

2　冯浩笺注：《玉溪生诗集笺注》（上海古籍出版社，1979）第225页。

3　江庸《自西安驰驿马还成都》（见《江庸诗选》第4页）说的就是这件事：“游子今将返锦城，尺书先慰倚闾情。谁云栈道崎岖甚，试看书生跃马行。”

4　章士钊：《翊云诗来述嘉州趣“纕蘅二适同看”诗以答之》，载见《章士钊诗词集 程潜诗集》（湖南人民出版社，2009）第24页。

使用面很广。颈联“江令宅”代指江庸乐山居所。“杜陵家”用杜甫代称诗人赵熙。“月华”即月光，是句言月光照在茅屋稻田上，正合上句“野趣”之说。此诗亦收入《章士钊诗词集》，个别字词不同：第三句“骤凉”作“骤寒”，第四句“消渴”作“病渴”，第五句“惜别”作“访别”。作诗者多有修改字句的习惯，以示炼字推敲之意。

总体看来，无论“消渴”还是“病渴”都与普洱茶直接相关。“频添”意味着频频饮茶，或是“解渴”，或是治“病渴”。此外，“病渴”一词多见于茶诗，用司马相如患渴疾典故。喝茶解渴并不为普洱茶所独有。在时人看来，普洱茶是“治病神品”，如果哪家有人消化不良，医生首先推荐吃普洱。回到品饮层面，冲泡普洱流程如下：烫壶、取茶、置茶、注水、盖盖、摇壶、少停、出茶。普洱“色黄味香”，可多次冲泡，“味苦而微涩”，入口“回味甘甜”。

章士钊喜欢普洱，是为岑立三祖父岑春煊当幕僚时养成的习惯。在这一点上，他跟江庸嗜好相同。据幼子江康回忆，江庸居京时讲究生活品位，除名牌烟酒外，茶只喝云南普洱茶。同观江诗的高二适也有和诗，题为《次章公茶字韵，兼寄翊云纕蘅二先生》。诗云：

宿雨初晴百鸟哗，泪痕都溅感时花。
穷途阮籍难忘酒，消渴梁园且戒茶。
何幸清风瞻哲匠，偶拈篇什各名家。
萧然梅子黄时雨，所愧长歌比薛华。[1]

1　见《掌故　第一集》（中华书局，2016）第2页，该诗为朱铭先生引自《斗茶集》。

重庆人民解放纪念碑，孙剑供图

重庆涂山寺，李文婧供图

“宿雨”“泪痕”两句由写自然景物升级到写内心感受，颇合前人说的“一切景语皆情语”之教。魏晋时期，竹林七贤之一阮籍常驾车外出，穷途痛哭。“消渴”句，用司马相如有渴疾事。“何幸”“偶拈”两句，就是夸江、曹诸人的。“萧然”句，说明此诗写于梅雨时节。薛华，唐人。

章、江、赵、高这个朋友圈，最初各人关系处得不错，诗来诗往，其乐融融。没想到高二适与赵熙竟因一本书闹翻了。高二适从戈公振手中获得《陋轩集》珍本，赵熙将此书借去数年不还。经过曹经沅之手，此书才回到高二适手中。赵熙是否存心占为己有不得而知。经此一事，高遂与赵熙绝交。人际交往中，缘起缘灭，不过人之常情。

1939 年农历九月，江庸从乐山回到重庆。次年，与章士钊、沈尹默、潘伯鹰、许伯建诸人成立饮河诗社。江、章任社长，潘伯鹰与许伯建主持具体工作。是年农历三月初三上巳节，赵熙游重庆，于北温泉修禊，后移居上清寺。程潜、章士钊、于右任、周钟岳皆登门拜访。高二适没有出现，可能两人此前已经绝交。同年，江庸去洛碛拜访戴正诚，乘兴游览了不少名胜，并作《东阳别墅和亮吉题壁原韵》《舟中怀亮吉》等诗[1]，足见几人间诗酒之会。

1941 年，徐琛终于来到重庆与江庸团聚。江作《喜内子将至》：“三年孤榻风雨凄，怕听春来杜宇啼。自有望弦如日月，能同跳难是夫妻。鹔鹴裘敝犹堪典，玳瑁梁成正好栖。倘使吴淞归路阻，不妨偕隐浣

1　江庸《旋沪集》尚有《和亮吉见怀原韵》诗。

花溪。”[1]徐琛到重庆后还陪同江庸到荣县看望赵熙。是年11月16日，是乐山人郭沫若五十岁生日。郭时在陪都重庆，远在香港的柳亚子率先以诗祝寿。

温馨遥隔市声哗，小小沙龙淡淡花。
北伐记擐金锁甲，东游曾吃玉川茶。
归来蜀道悲行路，倘出潼关是旧家。
上寿百年才得半，祝君玄发日休华。[2]

“温馨”，指纪念晚会的场景。因原诗题提到生日这天“入夜有纪念晚会”。“沙龙”，即法语“客厅”之意，此指纪念会举办地。“金锁甲”本义是用金线制作的锁子甲。“北伐”句指郭氏1926年加入北伐革命军。“玉川茶”一般跟唐人卢仝有关。“东游”句指郭沫若1928年2月流亡日本。则“玉川”指日本地名。“蜀道”，李白诗云：“蜀道之难，难于上青天。”1937年，郭氏归国后到重庆开展抗日工作。他说自己是“十年退伍一残兵，今日归来入阵营”，故而“归来”句或指这段经历悲壮艰辛。“倘出”句原注“先生（郭沫若）有‘朔郡健儿身手好，驱车我欲出潼关’之句”。潼关处于河南、陕西、山西三省交界处，历来为兵家必争之地。郭许下出潼关豪言，言下之意是要有一番作为。尾联祝郭得享“上寿”，时郭五十岁，则“上寿”至少百岁。

11月24日，郭沫若作《用原韵却酬柳亚子》。是诗1941年12

1 见江庸：《蜀游草》（大东书局，1946）。
2 见《郭沫若全集 文学编》第2卷（人民文学出版社，1982）第309—310页。

月 2 日发表于重庆《新华日报》，题作《柳郭唱和诗二首》。郭诗序云："五十初度，蒙陪都、延安、桂林、香港、星岛各地文化界友人召开茶会纪念，亚子先生寓港并为诗以张其事，敬步原韵奉和，兼谢各方诸友好。"

千百宾朋笑语哗，柳州为我笔生花。
诗魂诗骨皆如玉，天北天南共饮茶。
金石何缘能寿世，文章自恨未成家。
只余耿耿精诚在，一瓣心香敬国华。[1]

首联"笔生花"用"李白梦"典故赞美柳亚子。"诗魂诗骨"句赞美柳作及其他祝寿诗。"天北天南"句即普天同庆。"金石""文章"两句系自谦之辞，郭沫若工诗善书，具备多方面才能。颈联两句言尚有一颗精忠报国之心。郭作和柳诗同一天，董必武（1886—1975）在报上读到柳亚子《寄毛润之延安，兼柬林伯渠、吴玉章、徐特立、董必武、张曙时诸公》[2] 斗茶诗。柳诗云：

弓剑桥陵寂不哗，万年枝上挺奇花。
云天倘许同忧国，粤海难忘共品茶。
杜断房谋劳午夜，江毫丘锦各名家。
商山诸老欣能健，头白相期奠夏华。

首联"桥陵"即轩辕黄帝陵。桥陵和延安都在陕西省，故有此说。

1　见《郭沫若全集 文学编》第 2 卷（人民文学出版社，1982）第 309 页。
2　《磨剑室诗词集》（上海人民出版社，1985）第 947 页。

“万年枝”或指冬青树。颔联“云天”句言虽相隔万里但都有一片忧国之心。“粤海”句言1926年柳与毛主席广州旧事。“杜断房谋”本义指唐代宰相杜如晦、房玄龄，前者善谋，后者善断。“江毫丘锦”用江淹、丘迟典故，代指才气文思。“商山诸老”即历史上有名的“商山四皓”，代指林、吴、董、徐诸人。“头白”句言团结一心为国家前途而奋斗。

董必武作《七律二首用柳亚子先生怀人原韵》[1]：“日寇发动太平洋大战，袭击香港后十六日，于新华日报端，读柳亚子先生近作怀人一首，齿及贱名，敬步原韵，勉成二律奉答，兼怀旅港蒙难诸友。”从“共念”句可知，董诗也许是代表众人回复的。

南社灵光厌世哗，风流文采绚奇花。
乱离避地居香岛，清劲高标薄苦茶。
屡发谠言因爱国，不堪苛政遂移家。
九龙已陷牛羊窟，共念先生惜岁华。

群儿相贵斗欢哗，敢斥幽人三朵花。
旧事重提如嚼蜡，新诗细读似尝茶。
清芬淡远饶滋味，坦直忠诚报国家。
与港偕亡诸俊彦，难偿损失是吾华。

首联“南社灵光”称赞柳亚子，柳为南社创始人。“清劲高标”

1　见《董必武诗选 新编本》（中央文献出版社，2011）第46—47页。

言气节。陆游咏梅花诗云“高标不合尘凡有”[1]，又云“高标已压万花群，尚恐娇春习气存”[2]。“苦茶”原注“周作人斋名苦茶斋”。董诗将柳亚子与周作人相比，意在说两人气节不同。周在抗战期间曾出任伪职。“屡发”句言柳氏时发爱国言论。“不堪”句言柳氏因不满国民党而移居香港。“九龙”句指 1941 年 12 月 12 日日军攻陷九龙。“共念”句即要柳氏保重。第二首首联“三朵花”，苏轼《三朵花》诗云：“归来且看一宿觉，未暇远寻三朵花。”[3]据苏诗序言交代，“三朵花”为某异人代号，能诗，皆神仙意。“旧事”句指柳诗中提到“粤海难忘共品茶”。“新诗”句即诗味似茶味。“清芬”句强调品格之重要。尾联意即那些在港战中为国捐躯者都是大好男儿。

1942 年元旦，董必武仍用原韵作斗茶诗一首，题为《民国卅一年元旦口占仍用柳亚子先生怀人原韵》[4]。

共庆新年笑语哗，红岩士女赠梅花。
举杯互敬屠苏酒，散席分尝胜利茶。
只有精忠能报国，更无乐土可为家。
陪都歌舞迎佳节，遥祝延安景物华。

首联言众人聚在一起庆祝新年到来，气氛热闹。现场有红岩村的青年同志送来的梅花。颔联“屠苏酒”为酒名，代指美酒。据董

1 《剑南诗稿校注》（浙江古籍出版社，2016），第一册，第 283 页。
2 《剑南诗稿校注》（浙江古籍出版社，2016），第一册，第 298 页。
3 张志烈等主编：《苏轼全集校注》（河北人民出版社，2010）第四册，第 2318 页。
4 见《董必武诗选 新编本》（中央文献出版社，2011）第 51 页。

诗原注所说：当时重庆商店里出售一种纸包茶，名曰“胜利茶”，寓意抗战胜利。1938 年，财政部成立贸易委员会，实行茶叶统销政策，以茶叶贸易换取外汇。驻缅甸总经销处振华公司持有“胜利茶”专用商标，以销售胜利牌红茶为主。这些茶由中国茶叶公司云南茶厂制造，包装盒广告语甚有趣：“晨起一杯茶，开思路，振精神；饭后一杯茶，清口腔，助消化；公余一杯茶，消烦闷，添逸兴；晚间一杯茶，定心神，做好梦。”[1]1941 年 4 月，振华公司为宣传胜利牌红茶，发布中、英、缅三语广告，标题为“饮一杯国茶，增强抗战一分力量”[2]。“只有”“更无”两句，言祖国遍地烽烟，无处安家，吾辈只能精忠报国。“陪都”即重庆。“遥祝”，指祝福延安繁荣安定。

董必武写这些斗茶诗时，柳亚子还在逃难途中。对重庆和香港的情况所知不多。1942 年 1 月 22 日上午 10 点，萧红在香港临时救护站去世。柳亚子事后作悼念七绝诗：“杜陵兄妹缘何浅，香岛云山梦已空。公爱私情两愁绝，剩挥残泪哭萧红。”是年二月上旬，董必武念起柳诗和时事，复作斗茶诗两首[3]。

读罢瑶章众已哗，此才不愧国之花。
老来更细论诗律，晨起将吟忆粤茶。
世事纷纭蚕作茧，襟怀浩荡海为家。
太平洋上逢倭劫，恐犯金刚损法华。

1　见《云南省档案馆馆藏老商标》（云南民族出版社，2020）第 36 页。
2　见《云茶珍档》（云南民族出版社，2020）第 229 页。
3　见《董必武诗选 新编本》（中央文献出版社，2011）第 54 页。

桥陵蓊蔚静无哗，翠柏苍松杂野花。
南社流风传北国，寒窑拨火煮清茶。
半徽天幸多开土，全恃人工自起家。
顽钝如常能执戟，愿听驱策卫中华。

董诗第一首“瑶章”指柳氏所作斗茶诗。“诗律”指作诗章法。“忆粤茶”即“粤海难忘共品茶”事。颈联化用“作茧自缚”与“四海为家”。尾联言日本发动太平洋战争，有干佛法，不得人心。第二首首联中的“桥陵”在陕西省黄陵县桥山，据说是轩辕黄帝衣冠冢。“南社”句实指在延安成立的怀安诗社。董必武有诗贺诗社成立：“韵事曾传九老图，东都无警亦无忧。而今四海皆烽火，酬唱怀安古意浮。”“寒窑”句，言在窑洞里生火煮茶，聚众吟诗。颈联两句，言人工开凿窑洞。尾联言保家卫国的心愿。

1942 年的香港同样不平静。江庸内弟徐维明（字广迟）在港公干时遭日寇通缉。徐维明身份敏感，且身体抱恙。经冯耿光牵线，徐维明搬入江庸旧识梅兰芳家养病。港战爆发，趁日本人驱逐难民之机，徐维明化装逃回重庆。不久，梅兰芳回到上海蓄须明志，将两子梅葆琛、梅绍武送到内地托徐维明照顾。江庸在徐家见到葆琛，念及与梅兰芳有旧，便让九子江康约他去家里食宿。同年，江庸、曹经沅陪赵熙再游峨眉山，过乌尤寺稍做停留，与马一浮会面。赵跟马氏岳父汤寿潜同科，为光绪十八年（1892）进士。马初见赵熙是在 1911 年，当时赵熙应汤邀请游西湖，没想到两人再次见面又过了几十年。马在寺旁濠上草堂设宴款待众人。时年，赵熙 75 岁，马一浮 71 岁。

1943年，章士钊门人冉仲虎邀其游峨眉山，潘伯鹰随行，路过泸州，当地乡绅出面招待。章、潘都有诗记之。唱和诗对象包括泸州乡绅李春潭，高官张熙午，还有少年诗人庞道鹏。李、张、庞都和过章士钊所写的斗茶诗，章综答一首并将诗抄寄江庸。诗云：

午夜论诗静不哗，几回相互剪灯花。
云安未必无陈麴，蒙顶由来是贡茶。
语出词人昭故实，门临晚渡见晴沙。
我来小市闲居住，一例流亡阅岁华。[1]

首联写夜间秉烛读诗论诗，灯花结了又剪，剪了又结。“云安”，指重庆下辖云阳县之云安古镇。“陈麴”，陈酒。“蒙顶”，山名，位于四川雅安，著名产茶区，所产茶叶唐时入贡。“故实”，出处、典故，或指有特殊意义的事实。“晴沙”，阳光照耀下的沙滩。尾联自承流离他乡，偶然在这里小住几日，打发时间。章士钊一行在泸州盘桓月余，没有按原计划去峨眉山。

1944年农历三月初三，曹经沅组织上巳雅集，作《上巳禊集湘园，赋柬养复并示同集》：“劫火难消元巳节，惠风终属永和人。”[2]时在重庆的李根源也参加了这次雅集，并分韵得“洲”字：“一天雨雪掠江洲，三月阳和变九秋。惯见风云来不测，乍逢文酒且淹留。兰亭春冷军书急，潞水涛翻鬼子愁。待到阴霾齐扫尽，自由花放满神州。”寄望于抗战胜利。李烈钧时住歌乐山，李根源前往拜访：“歌

1　见《章士钊诗词集 程潜诗集》（湖南人民出版社，2009）第180页。
2　见载《借槐庐诗集》（巴蜀书社，1997）第236页。

乐山前柏子香，武宁上将病郎当。楼头瞩目遥相迓，四十余年话倍长。”李身体欠佳，曾三次中风。昔年，袁世凯窃国，蔡锷、李烈钧、李根源皆躬身护国，四十年交情自然不同。李根源还到七星岗访刘成禺，并作诗记之：“我是腾冲李麻子，君是江夏刘麻哥。回首吴门合伙事，太炎不见奈之何。”[1]章、李是金兰之交，跟刘成禺也是好友。刘略有面麻，与李根源齐名。“回首吴门”说的是三人在苏州合影事。章于1936年谢世，“岁寒三友”[2]只剩下李根源和金松岑。同年6月4日，张宗祥、沈羹梅、顾翊群组织甲申红岩雅集，刘成禺、钱问樵、江庸、曹经沅、潘伯鹰、谢湛如、许伯建等二十九人参加盛会。

这些人中，江、曹、刘都与斗茶诗唱和直接相关，潘、许与章士钊、陈毓华往来频繁。江、章、潘、许复是饮河诗社社员。刘成禺是元老级人物，才兼文武，诗文并优，董必武曾说：“武昌刘禺生以诗名海内，其脍炙人口者为《洪宪纪事诗》近三百首，余所见刊本为《洪宪纪事诗簿注》四卷，孙中山、章太炎两先生为之序。中山先生称其宣阐民主主义。太炎先生谓所知袁氏乱政时事，刘诗略备，其词环玮可观，后之作史者可资摭拾。”[3]所谓“可资摭拾”就是赵熙说的有诗史价值。

刘成禺素有“茶癖”，章士钊诗云：“何处重遇铁观音，宜兴壶子仔细斟。南洋数滴平生味，工夫梦到云霞蒸。好香清夜宜幽独，章范斗茶微近俗。玉川论碗更荒唐，茶岂人间牛饮物。禺生麄豪诗

1 上引李根源三诗，见《李根源〈曲石诗录〉选集》（云南人民出版社，2010）第73—75页。

2 章太炎、金松岑、李根源三人义结金兰，章在三人合影照片上题“岁寒三友”。李根源有诗为证：“岁寒成三友，仲兄老鹤望。范顾夙所志，授徒隐沪上。”李另有《哭伯兄太炎先生》：“平生风义兼师友，万古云霄一羽毛。遗恨长城侵寇盗，谁挥大手奠神皋。”“万古”句出自杜甫咏诸葛亮诗。

3 刘成禺、张伯驹：《洪宪纪事诗三种》（上海古籍出版社，1983）前言第1页。

律精，品茶入细尤堪惊。男儿木领视新癖，浩如天马凌空行。三川况是声利国，蒙顶云烟谁记得。古来多少咏茶人，独欠今宵孤赏客。”[1]工夫茶是一种影响颇大的饮茶方式，流行于福建、广东、台湾以及南洋一带。刘成禺生在广东番禺，想来对这种饮茶方式并不陌生，故而章士钊赞其写诗品茶都很精细。章士钊跟刘成禺、李根源均有深交，曾将诗集手稿交李带回云南处置。

柳亚子逃离香港后经历一番波折，于 1942 年 6 月才到桂林。交际圈进一步扩大。章士钊挚友、时任国民政府立法院副院长的覃振特意去桂林看过他，两人并有多次深谈。1944 年 9 月，柳亚子从桂林回到重庆。1945 年春，赵熙应胡铁华兄弟之邀，到贡井盘桓月余始归。时冯玉祥募金支持抗战，赵熙创作书法作品百余幅赠其义卖。同年 3 月，江庸收到果玲从峨眉寄来的新茶，作诗答谢，题为《果玲惠新茶，复叠花茶韵奉谢，并简山腴》。

赁庑山洼犬不哗，峨眉今又放桐花。
曾听吟翠楼边雨，正忆霜柑阁下茶。
密赐匆须烦国老，多情何以报寒家。
老怀更喜收京近，万目睽睽望翠华。

江庸时住在重庆桂花湾，故云“赁庑山窪”。桐花属于节气花，时当清明。据此可知，果玲所寄当为明前茶。吟翠楼位于峨眉山报国寺内。1942 年春，江庸陪赵熙夜宿其楼，其时有雨，所以江诗说听雨。“国老”句出自黄庭坚“国老元年密赐茶”[2]。诗中所说之茶

1　见《章士钊诗词集 程潜诗集》（湖南人民出版社，2009）第 86 页。
2　刘尚荣校点：《黄庭坚诗集注》（中华书局，2003）第四册，第 1297 页。

为宋代贡茶密云龙，比蔡襄督造的小龙团更奢侈。江诗用此茶来指称果玲所赠之茶。尾联言抗战胜利在望。这种心愿跟董必武诗中所说相通，是那个时代国人共同的心声。林思进和诗云：

闭户浑无三耳哗，摊书微叹两眸花。
能浇翳子明秋水，却仗山僧寄苦茶。
愧我风流减消渴，知君喜意动还家。
晚年相爱无多语，一枣何时乞道华。

林诗首联言闭门读书，无奈眼力不济。颔联“山僧”指果玲。尾联“道华”原注“侯道华，峨眉人”。收到林思进和诗，江庸作《答山腴和章》。

兼旬稍厌议场哗，楮叶先令老眼花。
待得回甘如谏果，宜于醉后独浓茶。
芋收犀浦增诗料，舟渡龙门到我家。
最忆成都游钓地，海棠十万斗繁华。[1]

江庸是参政员，一度出任主席团主席，经常开会，不免跟老朋友发发牢骚。“楮叶”本指制纸原料，这里指开会材料。“谏果”即橄榄，苏轼《橄榄》诗云：“待得微甘回齿颊，已输崖蜜十分甜。”[2]“芋

1　江庸晚年自定诗集将大量斗茶诗剔除集外，只保留少数几首。这是其中一首，字句有改动。如“芋收”“舟渡”两句改为“芋收锦里先生宅，梅在孤山处士家”（见《江庸诗选》[中央文献出版社，2001]第118页）“处士家”用林和靖事。黄山谷诗云：“暗香靓色撩诗句，宜在林逋处士家。”（见《黄庭坚诗集注》[中华书局，2003]第二册，第549页）黄诗所谓“暗香靓色”指林逋咏梅诗：“疏影横斜水清浅，暗香浮动月黄昏。”

2　张志烈等主编：《苏轼全集校注》（河北人民出版社，2010）第四册，第2488页。

收”句原注“山腴徙犀浦成《村居集》”。“舟渡”句中的“我家”指江庸新居。尾联言成都宜居。“海棠十万”出自陆游《成都行》：“成都海棠十万株，繁华盛丽天下无。”[1] 前人常恨“海棠无香”，张爱玲亦持此说，殊不知大足（今重庆市大足区）的海棠有香，明人常用来焙茶。

这首 1945 年所作斗茶诗可与江庸 1939 年所作《忆成都》相参观：“入云丝管至今哗，城外清溪即浣花。丞相祠堂犹有柏，薛涛井水最宜茶。草堂未及逢人日，锦里原来是我家。便拟碧鸡坊畔住，海棠乡里度年华。”首联“入云丝管至今哗”与前述“从古锦城丝管地”都典出杜甫诗。颔联中诸葛亮祠堂、薛涛井以及颈联中杜甫草堂都是成都名胜。“我家”句原注“成都尚有故宅”。尾联“碧鸡坊”也在成都。杜甫《西郊》诗云：“时出碧鸡坊，西郊向草堂。”[2] 柳亚子、郭沫若、董必武等叠韵唱和与成都雅集并无直接关系，但这些斗茶诗拥有共同的时代背景，诗作传递出的人生感叹也有相同底色，诚如江 1939 年 3 月所作斗茶诗所说：“伫看搀枪都扫尽，卿云缦缦日光华。”[3]

---

1 《剑南诗稿校注》（浙江古籍出版社，2016）第一册，第 266 页。

2 仇兆鳌注：《杜诗详注》（中华书局，2015）第 648 页。

3 全诗为：“投林穷鸟莫轻哗，借取春阴暂养花。似患竹多因咒笋，不求泉好但訾茶。燕衔弱絮终抛溷，渔认扁舟即是家。伫看搀枪都扫尽，卿云缦缦日光华。”（江庸《感事十四叠前韵》）“搀枪”，《尔雅》释为彗星，主兵祸。陆游官蜀时有诗云：“何时王师自天下，雷雨澒洞收欃枪。”见《剑南诗稿校注》（浙江古籍出版社，2016）第一册，第 325 页。“卿云”句典出《尚书大传》中的《卿云歌》：“卿云烂兮，纠缦缦兮。日月光华，旦复旦兮。”《卿云歌》最后两句为：精华已竭，褰裳去之。马一浮作于乐山的一首诗斗茶诗即与此有关：“最是艰难齐楚并，褰裳犹自惜菁华。”（《感事用茶字韵四首》第一首，见《马一浮全集》[浙江古籍出版社，2013] 第三册，第 62 页）

1945年8月15日，日本投降。赵熙闻知大喜赋诗："白发清樽长寿酒，苍山大海受降城。铙歌待奏升平颂，知道雄文蹴马卿。"[1]曹经沅亦有诗："人存终信哀军胜，痛定毋忘死地生。"[2]1946年，赵熙应林思进、向楚邀请游成都两月，这也是赵熙生前最后一次游成都。同年，江庸《蜀游草》由迁到重庆的大东书局刊印。马一浮返杭前与王静伯聚饮，王以斗茶诗相赠，马奉酬一首。

笳鼓无声鸟不哗，江梅几树见初花。
犹存李白三杯道，消得卢仝七碗茶。
竹里行厨须后约，山中放鹤更谁家。
便携筇杖思兰渚，莫上峨眉看日华。

首联"笳鼓无声"指战事止息。"三杯道"言酒，"七碗茶"言茶，"放鹤"用林和靖典故。尾联"思兰渚"言归乡心切。王静伯是安徽人，抗战时流寓四川。1939年9月17日复性书院举行开讲仪式，由其引赞。马一浮存诗有多篇都与其相关。1947年除夕，马一浮寄诗王静伯。

军声犹动市声哗，雪后山梅自著花。
薄俗心兵缘鲁酒，晚年诗味胜蒙茶。
尚余林鹤堪投老，且喜团圞已到家。
坐对春光无一事，闭门终日诵南华。

1　见《赵熙集》（浙江古籍出版社，2014）第836页。

2　曹经沅：《乙酉九日渝州上清寺禊集》，载《借槐庐诗集》（巴蜀书社，1997）第243页。

这是笔者寓目最后一首斗茶诗。诗中“蒙茶”“林鹤”“南华”皆用典，依次指向蒙顶茶林和靖《南华经》。1939年以来，光阴似箭，人事浮沉。1940年夏，朱镜宙以病辞去公职。同年，柳亚子避居香港。1942年，陈毓华自重庆还乡，辗转于耒阳市、郴州市桂阳县两地，三年后无疾而终。1946年，曹经沅死于脑溢血，葬于南京栖霞山。1948年，赵熙病逝于荣县。1949年，江庸受邀北上参加政协会议。同年李根源去北京，行前将章士钊诗稿捐给图书馆。江庸晚年居上海，出任上海市文史研究馆馆长。江庸、董必武共同的诗友就是陈毅。

马一浮、林思进、章士钊、柳亚子、刘成禺、戴正诚、缪秋杰、梅兰芳、黄佩莲、高二适、朱镜宙、董寿平、晏济元、徐琛、果玲、遍能都亲见抗战胜利。他们都曾出现在别人的生活中，也都经历了属于自己的那份命运波澜。朱镜宙晚年以清修刻经为业，著有回忆录《梦痕记》。鼓励他写回忆录的老乡是南怀瑾。跟朱往来密切者还有王献唐的老乡李炳南。这些人中，最后离世者是画家晏济元，活到了一百一十岁。爵版街如今尚在，霜柑阁雅集不复有，只有那些斗茶诗的微吟之声时而在历史长河之中响起。

普洱茶：净涤诗肠养谷神

1937年，由云龙年逾花甲，《定庵诗存》于同年刊印。此前，由云龙邀请圈中好友曹经沅、周钟岳、袁嘉谷、赵式铭、王燦为诗集作序、题诗（词）。收到曹序，由云龙赋诗答谢："十年韵事真如梦，记否邮筒遍两京。"[1]这两句用曹序来说就是"余交定庵逾十年，书问往还无虚日"。

曹序写作日期为"丁丑元月"，即1937年正月。据此推知，由、曹最晚相识于1927年，时年6月曹经沅开始主编《采风录》，选录各地旧体诗词。曹氏富诗才，选诗精到，时人誉其为"近代诗坛的唯一维系者"。1935至1937年间，曹经沅主黔政，颇有政绩，又组织刊刻晚清遵义著名学者郑珍、莫友芝、黎庶昌的文集。曹经沅这篇序言应该就写于其任职贵州期间。

1　由云龙：《纕蘅寄序拙集仍依前韵赋谢》，见《定庵诗存》（1937年铅印竖排繁体本）。本书所引由诗，除特别说明，均据该集。曹经沅等所写序言皆收入该集。

1937年11月，曹氏卸任离开贵阳前往重庆，任职于国民政府内政部。江庸1938年自武汉回到重庆，偶尔会到曹家小住。1939年春开始斗茶诗唱和，江、曹于此间交往越发密切。同年，曹经沅襄赞吴忠信入藏公干，行前作诗，云“梅花转眼垂垂发，忆我昆仑最上头”[1]，对入藏之行满怀豪情。

曹诗题为《将之西藏，先乘机飞滇，叠惺庵九日韵，留别海内知友》。“惺庵”即大理人周钟岳（1876—1955），光绪年间乡试解元，时任国民政府内政部部长。所谓“叠惺庵九日韵”指周钟岳所作《己卯九日》诗。1939年11月10日，曹经沅乘机到昆明，再转道缅甸、印度入藏，由云龙作诗送行。曹氏一路赋诗，与友朋唱和不衰。曹诗主要收入《借槐庐诗集》，与曹集一样，《定庵诗存》也收录了部分茶诗。考察由云龙、袁嘉谷、章士钊、马一浮、许廷勋、黄炳堃、顾太清等所写茶诗，可以窥见普洱茶在历史时空中的一鳞半爪。

由云龙：茗味耐咀嚼

由云龙（1877—1961），字夔举，号定庵，云南姚安人。所撰《定庵诗存》凡四卷，收录十余首茶诗，最让笔者震惊的是《拟陆鲁望茶具十咏》。这组诗可以追溯到晚唐时期。唐懿宗咸通年间，皮日休随刺史崔璞入苏州，结识隐士陆龟蒙，往来唱和频繁。皮氏写《茶

1　曹经沅：《借槐庐诗集》（巴蜀书社，1997）第195页。

1925（乙丑）年，七月既望，由云龙、袁嘉谷、张学智、陈古逸游安宁温泉，刻石纪念，作者摄于 2018 年

景谷县隶属于普洱市。图为困鹿山古茶园，苏岚供图

中杂咏》目标明确："昔晋杜育有《荈赋》，季疵有《茶歌》，余缺然于怀者，谓有其具而不形于诗，亦季疵之余恨也。遂为十咏，寄天随子。"[1]"天随子"即陆龟蒙，其诗题为《和茶具十咏》。这二十首茶诗收录于《松陵集》。某种意义上，由云龙拟陆诗十首无意间弥补了云南茶未列《茶经》之遗憾。皮、陆、由诗标题一致，依次为《茶坞》《茶人》《茶笋》《茶籝》《茶舍》《茶灶》《茶焙》《茶鼎》《茶瓯》《煮茶》。

寻芳不知路，面面浮云阻。
只容碧乳香，那许黄金贮。
竹里饶清芬，林阿喧鸟语。
支筇聊小憩，涤烦兼却暑。（《茶坞》）

茶坞即植有茶树的山坳。由诗说"不知路"并不是真的没路，而是言此地人迹罕至。人们讨论宜茶生长的环境时常说"高山云雾出好茶"。"浮云"会妨碍视野，却有利于茶树生长。颈联写环境风物，兼顾嗅觉和听觉。"筇"指罗汉竹手杖。唐人刘禹锡诗"拄到高山未登处，青云路上愿逢君"[2]，所"拄"之物就是竹杖。尾联是说途中拄着手杖稍作休息，令人暑气全消，烦闷尽释。

生性何所契，绿花与紫英。
未必啜其秀，先得气之清。
分涧湔尘俗，信芳征性情。

1　见《松陵集》（中国书店，2018）第 183 页。
2　见《刘禹锡集》（中华书局，1990）第 534 页。

茶树开花，摄于 2018 年

昆明黑龙潭梅花

顾渚山头鸟，惯见应不惊。（《茶人》）

本篇名《茶人》，从全诗来看，更多是一种形象、一种气质、一种人格。茶人生性与绿花紫英契合，未啜其秀，先得其气。顾渚山是名茶产区。可能因为茶人经常出没其间，枝头鸟已经习惯了茶人的存在。换个角度来看，气味相投、性情相近才会经常在同一个区域相遇，和谐共处。由诗因“拟陆龟蒙”，所以用“山头鸟”回应陆诗[1]。

沃土崛雳芽，欣欣不盈尺。
抽是雷有声，润处雨无迹。
秀色已可餐，芳心殊自惜。
寄言提筐人，珍重加采摘。（《茶笋》）

“沃土”句言土壤与茶树的关系，“不盈尺”言茶叶尺寸，如果尺寸过长，其嫩度就大打折扣，不符合茶用嫩叶的标准。“秀色”至“珍重”四句是说，单看茶笋的外形已经很吸引人，由此顿生爱惜之心，叮嘱采茶人小心采摘。

不饷陇畔人，不求墙下桑。
编织辄随意，取携应靡常。
春岩掬香露，归途趁斜阳。
朝朝偕伴侣，陶然欢自长。（《茶籝》）

1 陆诗有“唯应报春鸟，得共斯人知”句。见《松陵集》。

昆明金殿

晒青毛茶，制作普洱茶之原料，摄于 2014 年

石屏袁嘉谷雕像，摄于 2019 年

沱茶

陆羽《茶经》云："籯，一曰篮，一曰笼，一曰筥。以竹织之，受五升，或一斗、二斗、三斗者，茶人负以采茶也。"[1] 由云龙时代的竹笼未必与陆羽时代相同，但其"茶人负以采茶"的功能不变。是诗开篇说得很明白，该竹笼不是用来给农人送饭的，也不是用来盛装桑叶的。"不饷""不求"赋予其一种人格，正与茶性相通。采茶所用竹笼是常备之物，编织也不讲究，却常与香露、夕阳相伴，也与采茶人相伴，竹笼与茶人就像日常来往的伴侣，久处不厌，互生欣喜。

郄依弯环水，拓开数弓地。
茗荈趁春藏，茅茨得古意。
晓晴宿雾空，夜凉山雨至。
出作入息者，情同而事异。（《茶舍》）

"弯环水"言茶舍环境，"数弓地"言占地面积，"茅茨得古意"指建筑风格，"晓晴""夜凉"两句写山居体验随晴雨而有差异。国人向来崇尚春茶，由云龙说"茗荈趁春藏"自然在理。

汲取越溪水，凿开冠山石。
一束燎霜薪，满锅沸云液。
殊味绝膻腥，倩气凌松柏。
贫淡有蛙生，斯人乃足惜。（《茶灶》）

取石为灶，汲取溪水，加薪煮沸，是谓"一束燎霜薪，满锅沸云液"。按古人实践经验，"膻鼎腥瓯非器也"，由云龙说"绝膻腥"

1　沈冬梅校注：《茶经校注》（中国农业出版社，2006）第 11 页。

不过是基本要求。“倩气凌松柏”犹言茶香胜过松柏的香气。

客从衡封来，遗我衡封物。
甘露比清华，团月差仿佛。
火候几蒸腾，膏液相萦郁。
试和松雪烹，春风满座拂。（《茶焙》）

“焙”本义是指围火烘烤，“茶焙”指制茶场所兼及工序。前四句言收到客人带来的茶，形似团月，媲美甘露。后四句强调煮茶火候，加上雪水，如此则茶汤浓郁，满座如沐春风。同皮、陆茶焙诗比较起来，由云龙所写的实际是收到成品茶之后煮茶的情景，并未强调“焙茶”这一工序。诗中“团月”之说容易让人想起普洱茶饼的形状。就茶诗传统来看，唐人卢仝早就说过“手阅月团三百片”，宋人王禹偁也有“圆似三秋皓月轮”之说。

幽斋无长物，古铁颇修整。
欣逢旧雨来，况当春书永。
活火添竹炉，香泉挹橘井。
一瓯倾未毕，渴尘万斛屏。（《茶鼎》）

由诗说读书人书斋别无长物，唯有古鼎书籍。诗中“古铁”即回应陆龟蒙诗中提到的“古铁形状丑”。“旧雨”，代指老朋友。“春书”，即春帖子，上书诗句。颔联可谓良时、良俗、良友，正好添柴生火，煮泉烹茶。“一瓯”与“万斛”形成鲜明对比，一瓯茶去除万斛渴，足见这茶喝得有多值。

沱茶汤色

月下梅花

云南不仅产好茶，也产野生蜂蜜，有些茶甜如蜜，赵寅摄于 2018 年

云南茶山茶树，赵寅摄于 2018 年

微物有本真，岂必尚雕凿。
筠席聊周旋，茗味耐咀嚼。
涤笔净诗心，击节助歌谑。
碧玉与琉璃，仍兹胜一勺。（《茶瓯》）

诗中所述茶瓯即饮茶用具。在考古语境中，琉璃的透明度不及玻璃，高于料器。玻璃茶具如今很常见，在古代却是奢侈品。据《洛阳伽蓝记》记载，河间王元琛用琉璃碗标榜身份。《世说新语》也夸饰琉璃碗为宝器。由诗认为茶杯自有其本真所在，不必过分雕凿。

安鼎疏松前，爇火修篁里。
新泉涌雪花，余馥淆芳芷。
挹爽见精神，举念无渣滓。
由来偏嗜者，笺注亦可喜。（《煮茶》）

在疏松竹林间生水煮茶，翻滚的水浪如同雪花，浓烈的香气掩盖了香草气味，令人精神爽利，杂念全消。自古以来喜欢饮茶者，所写诗文一样令人欣喜。“笺注”，本指注释古籍诗集字义，是一项专门的学问。现代学者钱仲联即长于此道。周岸登斗茶诗中亦有“通经少术莫笺茶”句。结合由诗来看，主要是标举饮茶者笔下诗文具有某种风格，类同“诗清都为饮茶多”。上述十首茶诗是拟体，相对于皮、陆十咏诗来说，由诗有非常明显的文本摹写和继承关系。考虑到作者身份、地域、经历，可以把这组诗作为理解云南茶的某种历史背景。

由云龙一生经历近代史中的三个历史时期，曾到日本考察，眼界算是开阔的。他曾出任永昌（保山）知府，而这里正是普洱茶产区。他大力办学的大理正是沱茶的兴盛之地。1926 年，由云龙任云南实业司司长，对茶业实习所主任委员韩正昌的报告作出批示，涉及宜良茶籽播种，元江茶籽购买、贮藏、适用问题，这些都能证明他对茶并不陌生。由云龙曾出面组织南雅诗社，与袁嘉谷、周钟岳等雅集唱和不衰。

世途倦策蹇，物外寻逍遥。
季鹰有幽栖，旷朗居崇皋。
华素得其宜，花木围周遭。
延客甫合座，脩然捐尘劳。
佳荈荐明前，浅杯试新窑。
色香味俱淡，汤喉费匀调。
入口初泊如，旋沁心脾交。
两腋春风生，一天酷暑消。
评骘伴泉石，意境窥夷巢。
匪惟驱烦渴，快如饮醇醪。
惜将赋行役，聊复永今朝。

由诗“世途”两句言在尘世中打滚，累了找个地方休息。“季鹰”指西晋文学家张翰。“幽栖”言隐居或隐居之所。“华素”两句，写周边花木扶疏，回应上文提到“幽栖”。“延客”两句，写参与者聚坐在一起，无拘无束。“佳荈”两句，言使用新出窑的杯子喝

云南茶山采茶图，澹雅供图

云南茶树资源丰富，图为乔木型茶树，澹雅供图

明前茶。“色香味”至“酷暑消”六句，层次分明地交待了饮茶感受。“评骘”两句言在泉石林间评茶评人。“夷巢”本指伯夷和巢父，泛指品行高洁之人。“匪惟”两句言饮茶可以解渴驱烦，其快感及舒适度就像饮用醇酒。“惜将”句，言最终还是要回到尘世中，为公务而行履匆匆。

由氏“茶具十咏”写于他任教经正书院前后，属于早期诗作。由云龙六十岁编定诗集，还保留这十首茶诗，显然是经过深思熟虑的。此外，从由云龙与姻亲袁嘉谷的交往来看，他对普洱茶并不陌生。当然，由云龙和朋友们正面写普洱茶的诗不多。对普洱茶更写实的描述，隐藏在清朝及民国其他茶诗中。

许廷勋：松炭微烘香馞馞

今人谈起普洱茶历史，免不了谈及清雍正七年（1729）的“改土归流”这一标志性事件。清政府加强对地方的控制，普洱茶作为贡品进入皇室不过自然而然之事。宁洱生员许廷勋写过一首《普茶吟》，其间隐藏了复杂的历史情绪。许诗较长，分段略述如下。

山川有灵气盘郁，不钟于人即于物。
蛮江瘴岭剧可憎，何处灵芽出岑蔚。
茶山僻在西南夷，鸟吻毒菌纷轇轕。
岂知瑞草种无方，独破蛮烟动蓬勃。

味厚还卑日注丛，香清不数蒙阴窟。

始信到处有佳茗，岂必赵燕与吴越。

这部分写普洱茶生长环境。“蛮江瘴岭”“鸟吻毒菌”极言环境之恶劣。“盘郁”，郁郁苍苍。“岑蔚”，草木茂盛。“西南夷”，西汉时期对云贵川各民族的称谓。“**轇轕**”，杂乱交错。“岂知”句，言漫山遍野都是茶树。“独破”句，言茶树生机勃勃。“赵燕”“吴越”用来代指其他产茶区。20 世纪 40 年代，陈碧笙著《滇边散忆》谈时人对烟瘴的认知，包括：“山林沼泽间蒸发出来的烟岚；低洼地带早晨凝结的云雾；泥鳅、黄鳝、虾蟆等动物呼吸的空气，这些都是致病根源。”[1] 许诗说茶区瘴气弥漫、毒草丛生，反映的还是那个时代人们对产茶区的认知：山川灵秀又瘴气弥漫，适宜茶树生长，出产佳茗。可见，茶叶的产区价值是从古至今都绕不开的话题。普洱茶、山头茶之热，不过是沿着这条路径具象化而已。无论是从边缘去确定中心，还是从中心来反观边缘，茶区还是那片茶区，变化的只是人的观念而已。

千枝峭倩蟠陈根，万树搓丫带余枿。

春雷震厉勾渐萌，夜雨沾濡叶争发。

绣臂蛮子头无巾，花裙夷妇脚不袜。

竞向山头束撷来，芦笙唱和声嘈囋。

一摘嫩蕊含白毛，再摘细芽抽绿发。

三摘清黄杂揉登，便知粳稻参糠麧。

筠篮乱叠碧毵毵，松炭微烘香馞馞。

1　陈碧笙：《滇边散忆》（商务印书馆，1941）第 50 页。

这部分写采茶制茶，涉及茶树生长时令、采茶人装束、采摘次数及以松炭烘茶。“陈根”，指茶树根部。“余枿”，旧枝上长出的新枝。“绣臂蛮子”“花裙夷妇”，都是采茶人。“芦笙”，簧管乐器。“嘈囋”，嘈杂。“揉登”，茶树细枝、茶梗。“糠麧”，较粗糠屑。“毵毵”，杂乱状。“馞馞”，香气浓郁。“一摘”“再摘”“三摘”写采茶标准：芽头、芽带叶、芽带叶梗。

夷人恃此御饥寒，贾客谁教半干没。
冬前拾奉春收茶，利重逋多同攘夺。
土官尤复事诛求，杂派抽分苦难脱。
满园茶树积年功，只与豪强作生活。
山中焙就来市中，人肩浃汗牛蹄蹶。
万片扬箕分精粗，千指搜剔穷毫末。
丁妃壬女共熏蒸，笋叶藤丝重检括。
好随筐篚贡官家，直上梯航到帝阙。

这部分写茶叶视角下商业关系、官民关系、借贷关系及贫富差距，并加以慨叹。茶区民众恃茶生活，商人靠茶赚钱，土司要摊派税费，皇帝要喝贡茶。大家都指望着茶，最辛苦的还是底层劳苦大众。1948 年，经济学家陈翰笙撰写《中国西南土地制度》，引证许诗讨论当地商业和高利贷关系：商人向茶农贷放粮食，采茶时以低价收购，并从中扣除本利。[1]陈依据的正是“夷人恃此御饥寒，贾客谁教半干没。冬前拾奉春收茶，利重逋多同攘夺”四句。“山中”两句

1　见《陈翰笙文集》（商务印书馆，1999）第 405—406 页。

言人背牛驮汗流浃背将茶运来。“万片”“千指”言挑选茶叶之精细。“丁妃壬女”指成年女子。“笋叶藤丝”句最易引起误解，以为是用笋壳将茶叶包装好，其实，这是言制作贡茶之精细：选用嫩蕊，细如藤丝。这样的茶才能“好随筐篚贡官家，直上梯航到帝阙”。

区区茗饮何足奇，费尽人工非仓卒。
我量不禁三碗多，醉时每带姜盐吃。
休休两腋自生风，何用团来三百月。[1]

这部分回到品饮层面谈茶。“三碗”之说是针对卢仝“七碗”而言，“醉时每带姜盐吃”暗合唐代樊绰所记饮茶法：“茶出银生城界诸山，散收无采造法。蒙舍蛮以姜椒桂和烹而饮之。”[2]最后两句化用卢仝诗：“唯觉两腋习习清风生”“手阅月团三百片”。诚如许诗所说，地域不同，人群不同，阶层不同，审美不同，饮茶方法自然不同，僵化固守某个流派不利于文化多样性的形成与繁衍。

清代词人顾太清（1799—1876）著有《天游阁集》。书香世家公子冒鹤亭记顾氏风姿，言其某日骑马游西山，马上弹琵琶，其质如墨，手白如玉，观者以为活脱脱一幅西施出塞图。顾太清写过一首《谢云姜惠普洱茶用来韵》。许云姜是太清闺中诗友，其父许宗彦任职于兵部。

万里新茶赠解人，传来言语见情亲。

1　邓启华：《清代普洱府志选注》（云南大学出版社，2007）第381—384页。

2　樊绰撰，向达原校，木芹补注：《云南志补注》（云南人民出版社，1995）第103页。

竹炉细注天池水，净涤诗肠养谷神。[1]

以运输效率论，走京杭大运河运江南茶和用马帮运云南茶到京城，自然不可同日而语。万里之外运来的普洱茶更显珍贵。云姜想是随茶附有书信或短笺，太清见字如见人，自是倍感亲切。由于这茶太过珍贵，顾氏用来泡茶的茶具和水都是有讲究的。此诗最值得注意的还是“净涤诗肠养谷神”的论断。养谷神旨在推重普洱茶功效。许云姜的丈夫就是云贵总督阮元（1764—1849，字伯元）之子阮福，其所撰《普洱茶记》称赞普洱茶“味最酽、味极厚”。《普洱茶记》[2]也留下了普洱贡茶的记录。“涤诗肠”继承了茶诗的文脉传统，赋予普洱茶以文化性格。相对功效来说，这种文化性格才是重中之重。

顾太清是荣王府奕绘的侧福晋。奕绘曾祖父就是号称“十全老人”的乾隆皇帝，其《烹雪用前韵》诗云：“独有普洱号刚坚，清标未足夸雀舌。”顾太清先祖就是在云南主持“改土归流”的鄂尔泰[3]（1677—1745，字毅庵）。1729年，清雍正七年，云贵总督鄂尔泰宣布成立普洱府，自此开启普洱茶的贡茶时代。乾隆和顾太清能喝到云南的普洱茶，皆要感谢这位封疆大吏。

1　见《顾太清集校笺》（中华书局，2015）第115页。

2　阮福《普洱茶记》是研究普洱茶历史的经典文献，今人多引用之，甚至据此扩充为同名著作。据阮氏所说：“福又捡《贡茶》案册，知每年进贡之茶，例于布政司库铜息项下，动支银一千两，由思茅厅领去转发采办，并置办收茶、锡瓶、缎匣、木箱等费。其茶，在思茅本地收取，新茶时须以三四斤鲜茶，方能折成一斤干茶。每年备贡者，五斤重团茶、三斤重团茶、一斤重团茶、四两重团茶、一两五钱重团茶；又瓶装芽茶、蕊茶，匣盛茶膏，共八色。思茅同知领银承办。”

3　按：顾太清本西林觉罗氏，据该族世系表所载，鄂拜生鄂善、鄂尔泰诸人，顾太清属于鄂善这一支。鄂善是顾的曾祖父，与鄂尔泰份属兄弟。（详见《顾太清集校笺》下册附录一、二。）

黄炳堃：滇人首推普洱贵

戊子年（1888），广东新会人黄炳堃（1832—1904，字笛楼）来到云南景东，作《入景东境口呈号》："闾阎零落倚山居，乱后残黎鲜宿储。自愧匡时无远略，抚心何敢负楹书。"[1]黄氏自粤入滇，乃是去当地任职。期间，黄氏所作《采茶曲》为原产地茶叶采摘提供了珍贵观察视角。

正月采茶未有茶，村姑一队颜如花。秋千戏罢买春酒，醉倒胡床抱琵琶。

二月采茶茶甲尖，未堪劳动玉纤纤。东风骀荡春如海，怕有余寒不卷帘。

三月采茶茶叶香，清明过了雨前忙。大姑小姑入山去，不怕山高村路长。

四月采茶茶色深，色深味厚耐思寻。千枝万叶都同样，难得个人不变心。

五月采茶茶叶新，新茶远不及头春[2]。后茶哪比前茶好，买茶须问采茶人。

六月采茶茶叶粗，采茶大费拣工夫。问他浓淡茶中味，可似檀郎心事无。

七月采茶茶二春[3]，秋风时节负芳辰。采茶争似饮茶易，莫忘采

1 本节所引黄炳堃诗，均据其《希古堂诗存》，凡十卷。云南人陈荣昌为该集作序，中有"先生之治景东也，结吟社而振其文风"的说法。

2 原注："谷雨前后所摘名头春茶。"

3 原注："入秋以后所摘为二春茶。"

茶人苦辛。

八月采茶茶味淡，每于淡处见真情。浓时领取淡中趣，始识侬心如许清。

九月采茶茶叶疏，眼前风景忆当初。秋娘莫便伤憔悴，多少春花总不如。

十月采茶上翠微，阳春最是嫩茶肥[1]。织缣也如织素好，试检女儿箱内衣。

冬月采茶茶叶凋，朔风昨夜又今朝。为谁早起采茶去，负却兰房寒月宵。

腊月采茶茶半枯，谁言茶有傲霜株。采茶尚识来时路，何况春风无岁无。

黄炳堃有诗名，任职期间，常与郡中士人结社唱和。这首《采茶曲》也许就是某次雅集的成果。此诗采用民间歌谣形式，每四句换韵，逐月描述采茶人的劳动过程，并寓采茶女的情感状态于其中。诗中“檀郎”本指古代“帅哥”潘安，用以代称采茶女中意的男子。从采茶诗写作传统来看，《采茶曲》虽然谈不上绝无仅有[2]，但于普洱茶而言，自有其特别意义：第一，采茶时令提供的参考价值；第二，用女性视角来铺叙采茶诗，或可为“女儿茶”[3]提供佐证。

黄炳堃所写《采茶曲》自《普洱府志》《云南历代诗选》以降，多被人因袭引用，部分字词辗转排印之间，各有差异。事实上，在

1 原注：“十月名阳春茶。”

2 蜀中有《采茶歌》，亦是从正月写到腊月，最后云“你把茶钱交给我，双双过个热闹年”。另有《倒采茶》从腊月写到正月。

3 阮福：《普洱茶记》载有“女儿茶”之名。

云南做官期间，黄炳堃所写茶诗尚有《赠吴养无炼师》《晓望》等数首。

仙家标格道家装，手种梅花贮鹤粮。
月兔夜窥调药鼎，山猿昼入炼丹房。
书成尚带榴皮迹，饼熟时闻玉屑香。
充耳不知尘世事，一瓯茶味即玄霜。

此诗写吴养无种梅养鹤，炼丹修道，一派仙风道骨。重点述及隐居生活细节及人物风范。“标格”，风范，风度。“榴皮迹”，用宋代道人榴皮题诗典故。“玉屑香”，即纸香。吴养无如此人物风度，皆因一心修道。吴养无既炼丹又饮茶，“茶味即玄霜”将茶比作仙药，与前人将茶比作甘露一脉相承。

晓气清无朕，长天生远霞。
此身百年物，在手一瓯茶。
证道得元妙，澄怀屏俗哗。
拓窗揽空翠，竹露滋苔花。

该诗题为《晓望》。“无朕”，没有征兆或迹象。“证道”，犹悟道。“元妙”，微妙深奥的道理。“拓窗”，开窗。以一瓯茶滋养百年身，正合茶以养生的精神。当然，大清早就起床观景（“远霞”“空翠”“竹露”“苔花”），喝茶，除生活闲适之外，核心原因在于“证道得元妙，澄怀屏俗哗”。在这世间，有些人可以忍受物质生活的清苦，却无法容忍精神生活的堕落，或内敛自省，或证道悟空。

任职云南期间，黄炳堃曾将景谷茶作为寿礼送给朋友，随茶写了长诗。就笔者所知，此诗尚未被人提及。全诗如下：

景谷村头云母多，云气缭绕漫山阿。
中有土人业茶业，尺地肯荒三五窠。
香芽细嫩先雨摘，玉手纤软和烟搓。
每讶俗情鲜知味，滇人首推普洱贵。
九畹下视傍萧茅，百花只解夸姚魏。
我少嗜茶未读经，大江来往闻中泠。
当时末由得此水，至今尚欲扬吴舲。
醉来七碗不消渴，睡起一瓯今衰龄。
前贤烹煎具深意，飞雪出磨亡遗制。
世间古法何者存，先民百度皆殊异。
吾家双井南溪中，山谷昔也贻坡公。
合以此茗为君寿，坐我落花禅榻风。
会汲新泉候活火，相与一试鸿渐功。

景谷县位于今普洱市境内，与临沧市双江县相接。该诗前两句写地理环境，“中有”两句写当地人以茶为业。“香芽”两句写采摘茶叶的时间在谷雨前和制茶情景。“九畹”至“大江”四句写未得中泠水泡茶之憾事。十三至十六句写饮茶解酒，酒醒后发现自己垂垂老矣。“前贤”至“先民”四句感叹历史上饮茶法随时代而变迁。“吾家”两句，指黄庭坚用家乡双井茶送苏东坡事。“合以”句指以茶祝寿。“坐我”句言饮茶之闲适。最后两句言茶圣陆羽对饮茶风尚的影响。该诗“滇人”句特别指出“滇人首推普洱贵”，提及“普洱”并指出其重要性。联系前面所提“双井”句，黄氏显然将景谷茶与双井茶作比。

与黄炳堃不同，陆羽在《茶经》中并未提及云南茶。倒是民国茶叶专家陆溁称赞过倡导植茶的云南人：“远祖季疵，未到滇西；封神西降，羽裔来迟。绝世佳种，腾龙开基；制销海外，欧美名驰。有子光大，祈灵懿持；气吞印锡，功在武夷。持产建国，裕民救时；九泉意志，千载追思。”[1]这个种茶人叫封镇国，其子叫封少藩，两人所植茶园，腾冲人李根源都去参观过，并有诗记之。

李根源：茶树青青绣谷中

清末民初，品茶人论普洱及龙井，以杜甫与陶渊明比之，风格自然不同。[2]俞平伯之父俞陛云见到了陈年普洱从清宫流入民间的情景，想起韩驹在靖康之变后所写茶诗：“白发先朝旧史官，风罏煮茗暮江寒。苍龙不复从天降，拭泪看君小凤团。”由是感叹“白发

1　见《历代名人与腾冲》（云南民族出版社，2007）第 156 页。原文“季庇”显然是录写错误，正确的写法是“季疵”。陆羽，字季疵。同是姓陆，陆溁称陆羽为远祖，与陆羽称陆纳为远祖一个意思。

2　柴萼《梵天庐丛录》第三十六卷记载：“普洱茶，产云南普洱山，性温味厚，坝夷所种，蒸制以竹箬成团裹。产易武倚邦者尤佳，价等兼金。品茶者谓：普洱之比龙井，犹少陵之比渊明。识者韪之。”

遗臣，无复预赐茶之盛矣”[1]。贡茶有它赖以生存的土壤，时势一变自然风流云散。

自唐朝开始，历代文人就将赞叹贡茶、享受上赏、同情茶农悲苦等复杂情愫交织在一起，俞氏的感叹又增加了一丝情景中人的苍凉。云南人陈荣昌（1860—1935）曾作《茶瓶儿 普洱茶》：“龙井春芽拜新惠，泛花乳、冰瓯亲试。舌本香真异，雨前尖嫩，略带轻浮气。两汉文章醇厚贵，自标举、为吾茶例。旧惬休抛弃，苦甘尝遍，爱是家乡味。”[2]上阕写喝雨前龙井感受，结论是气带轻浮；下阕将普洱茶比作两汉文章，醇厚贵重。

陈荣昌去世后其弟子李根源作诗纪念：“南园而后有文贞，劲草寒松示景行。所不同心如此水，还将斯语报先生。”[3]李将陈与名宿钱沣（1740—1795，号南园，昆明人，颜体书法大家）相提并论，并表明将继承先生遗志。李根源（1879—1965，字印泉，号曲石，出生于腾冲）是民国滇籍风云人物，在军政两界人脉深广，也是学者和诗人。他以实际行动支持抗战，为烈士修建国殇墓园，编辑《永昌府文征》，为地方保留文献和文脉。

一次，李根源与李烈钧、太虚大师相聚于华亭寺，作诗记录：“云

1 《校辑近代诗话九种》（上海古籍出版社，2013）第402页。

2 见《全滇词》（黄山书社，2018）第472页。

3 见李光信点校：《李根源〈曲石诗录〉选集》（云南人民出版社，2010）第22页。据李诗原注：“文贞”是后人追加给陈荣昌的谥号，李题陈氏祠堂有“景行行止”四字，“如此水”句为陈荣昌题南园祠语，“报先生”指向李根源所撰对联“一代两完人，仰古谊高风，窃愿执鞭随左右；五华殊胜地，览湖光山色，料应骑气共归来”。

堂师友感凋零，独有山茶向我青。卅载旧游如一梦，九皋玄鹤唳华亭。”[1]李根源怀念的师友包括赵藩和孙少元，所见山茶包括他手植者上百株。华亭寺位于今昆明西山，不少西南联大师生登山游玩，都在这里喝过茶。李根源赴滇西，在茶园中遇见蟒蛇，事后作诗追忆：“野宿茶山地，黄蟒遇诸途。拔剑未能斩，我惭刘寄奴。”[2]此蛇据树而居，头生两角，中有红冠，遍体黄鳞，粗约尺余，长十数丈。李与其四目相对，逃遁而去，有惊无险。这么大的蛇和这么大的树，足见当时的生态环境。在高黎贡山攒龙村，李根源写道：

群峰叠翠拥攒龙，茶树青青绣谷中。
采得芽尖八十石，巡司播种已收功。[3]

据李氏说法：攒龙产茶，年收八十担，每担百斤，售旧币（1940）七百元，年获利五六万元。这些茶树都是封镇国（1862—1921，字佩藩，腾冲龙江人）种植的。乡绅刘楚湘（1886—1953，字梦泽，号适斋）陪茶叶专家陆溁（1878—1969，字溪莆，号澄溪，江苏武进人）看过这片茶园，刘所写茶诗可与李诗相印证。

三月暮春风日妍，锦峦绣谷傍晴川。
柳枝袅袅蛮腰细，茶树青青雀舌鲜。
博雅著经夸陆子，厚生有策劝农编。
伫看绿野园林望，食德人思导始贤。[4]

1　见《李根源〈曲石诗录〉选集》（云南人民出版社，2010）第 23 页。
2　见《李根源〈曲石诗录〉选集》（云南人民出版社，2010）第 58 页。
3　见《李根源〈曲石诗录〉选集》（云南人民出版社，2010）第 44 页。
4　见《刘楚湘诗文选》（云南民族出版社，2008）第 27 页。

“三月暮春”，点明看茶园时间。“晴川”，说明天气不错，柳枝袅袅，茶树青青。“雀舌”，此处指茶芽形状。“陆子”，指唐人陆羽，著有《茶经》。“厚生”句言封氏父子推崇腾冲植茶之功（封维德曾编印《种茶浅说》）。也有双关陆溁之意，陆溁早年著有《劝农商种茶》。“伫看”，停足远看。“食德”，即享受前人德泽。

陆溁当年在茶界乃是资深人士，早年随郑世璜考察印度、锡兰（斯里兰卡）茶业，一生注重考察茶园、组织茶业机构和培养茶业人才。1939年，陆氏到云南茶叶技术人员培训所任教。这个培训所牵头者包括中国茶叶公司经理寿景伟、云南建设厅厅长张邦翰、云南经济委员会主任缪嘉铭。陆溁到腾冲指导当地茶叶加工，主要是看李根源的面子。李任农商部部长时手下人才济济，夏同和、刘春霖、王寿彭都是状元出身，郑沅、夏寿田等人，或是榜眼，或是探花。李因此写诗自嘲：“老夫虽不文，部下三状元。龙门吾家事，今且作戏言。”陆溁曾任职于民国政府农商部，是次由李出面向中国茶业公司商请借调陆溁到腾冲，从人际关系来说，自然请得动。李根源游腾冲中和乡，还在诗中问过何处茶园满山。

猛蚌新岐神护门，茶花箐口高田村。
关心几度逢人问，何处青青槚树园。[1]

有趣的是，刘、李描述茶园都只有“青青”二字，凡用三次。

1 见《李根源〈曲石诗录〉选集》（云南人民出版社，2010）第152页。

“槚”，茶名。陆羽《茶经》云：“其字，或从草，或从木，或草木并。其名一曰茶，二曰槚，三曰蔎，四曰茗，五曰荈。”[1]“猛蚌”“新歧”“高田”皆属今腾冲中和镇。时陆溁在腾冲提倡种茶，因他在当地看到了阿萨姆、大吉岭、锡兰（斯里兰卡）茶区影子。显然，李诗“何处”之问包含了遍植茶树的期望。1945 年 2 月 12 日，封镇国之子封少藩（1900—1958，字维德）主持播种茶籽 3800 余丛，移植茶苗 6780 株。今滇西保山为普洱茶产区之一，追根溯源，跟封氏父子、陆溁、刘楚湘、李根源等先贤都有关系。借用刘诗来说，正是“伫看绿野园林望，食德人思导始贤”。李根源曾问何处茶园青青，从今人视角回应，正是漫山遍野。

袁嘉谷：普山茶味睡乡来

云南的茶山、茶园、采茶活动，由云龙、黄炳堃、李根源等人都有诗记录。普洱茶在雅集与消费环节的表现在袁嘉谷、章士钊、马一浮等人的诗作中有所涉及。袁、由为姻亲，两人与陈古逸、张学智在翠湖比邻而居。由氏作诗记载过此事：“九龙池北会城西，衡宇相望比屋齐。钓水尽饶鲜作食，看山毋事杖扶藜。鹭鸥迹近人忘俗，鸡犬声闻梦觉迷。诗酒谈谐朝夕见，未须风雨咏潇凄。”[2]几人诗酒相会，过从甚密。袁嘉谷尝与人在翠湖海心亭聚会。

一肩书剑返龙池，池上欣然见故知。

1　沈冬梅：《茶经校注》（中国农业出版社，2006）第 1 页。

2　见由云龙：《定庵诗存》（1937 年铅印本）。

虫语留人春步月，竹声和我夜吟诗。
英雄广武成名早，朋友平原痛饮迟。
三十九年茶博士，剧怜霜雪上吟髭。[1]

翠湖屡屡出现在晚清民国诗中，除男性赞美，以女性（孙佩珊）视角观之自有其趣："长堤芳草恋行人，燕语花娇媚晚春。毕竟翠湖风景好，华山如黛柳如颦。"[2]"华山"即五华山，与翠湖山水相连。袁诗言与老友相聚于海心亭，虫声竹影相伴。"英雄"句典出《阮籍传》，"朋友"句典出"平原痛饮"。此前，翠湖的茶水一向由莲华禅院僧人供应，迟至同治十二年（1873），始有商户在亭榭间烧水卖茶。袁诗最后借从业三十九年茶博士来反观岁月如流，大家都不再年轻。苏轼《天竺寺》"四十七年真一梦，天涯流落泪横斜"[3]两句，可与袁诗相参观。早年间，袁嘉谷游大理，与人订约，没承想这个约会迟到将近四十年："三十九年饮泉约，云波茶味乡潺潺。"[4]

梁启超的新会老乡伍铨萃（1863—1932，字选青，号叔葆）赠梅给袁嘉谷，袁氏以茶叶并诗（《伍叔葆前辈赠梅以茶报之》）回赠，第二首云："琼瑶言报愧非才，九市歌声匝地哀。只有故乡心一片，普山茶味睡乡来。"[5]前人有莼鲈之思，袁嘉谷想念家乡茶，亦在情理之中，"普山茶味睡乡来"正是这种乡思的真实写照。袁嘉谷从

1 见《袁嘉谷文集》（云南人民出版社，2001）第二卷，第229页。
2 见《袁嘉谷文集》（云南人民出版社，2001）第二卷，第699页。
3 张志烈等主编：《苏轼全集校注》（河北人民出版社，2010）第七册，第4388页。
4 见《袁嘉谷文集》（云南人民出版社，2001）第二卷，第419页。
5 见《袁嘉谷文集》（云南人民出版社，2001）第二卷，第181页。

茶联想到家乡。朱偰在昆明翠湖中也读出了不同兴味："翠湖秋尽水盈盈，绿满汀州忆故京。二十年来如一梦，至今魂绕旧春明。"[1]

袁嘉谷送过翠湖邻居兼姻亲张学智茶叶，张氏以诗回赠，谈到的还是满满家乡味："我昔游普洱，品茶意良切。夙闻蛮松佳，未得辨优劣。去乡十余载，此味遂隔绝。归来隐翠湖，渴思颇郁结。君乃惠佳种，补我昔年缺。小聚归云楼，得此助谈屑。色香并佳妙，肺腑俱清洁。宝此故乡味，龙井安足说。"[2]张学智（1870—1947，字愚若）"清暇吟诗，高致不凡"，袁嘉谷从他某些诗句中甚至读出了陆游的影子。这首"蛮松茶"写得明白如话，不用作笺注就能读懂。

翠湖不是袁嘉谷的私家园林，到这里喝茶作诗者也不止他一人。时人有诗云："煮茗倾荷露，谈经忆竹楼。"用荷露煮茶，这闲情雅致也没人比得过了，约略只有芸娘制作荷花茶的情趣堪比之。祭祀杨一清的祠堂也在翠湖。1925 年 12 月 6 日是杨一清生日，袁嘉谷写了五首绝句来纪念他，第二首以茶入诗："流水声中黄闼开，翠湖真有巨川材。宪宗乙巳公归里，应泛湖舟啜茗来。"[3]杨一清（1454—1530），字应宁，云南安宁人，官至内阁首辅。出任过此职者如徐阶、高拱、张居正、申时行，还有与杨氏关系密切的李东阳。该诗第三句"宪宗"指明宪宗朱见深，在位期间年号为"成化"。乙巳年为成化二十一年，即 1485 年。"湖舟"句想象杨一清泛舟啜茗

1　朱偰：《孤云汗漫：朱偰纪念文集》（学林出版社，2007）第 564 页。
2　见《袁嘉谷文集》（云南人民出版社，2001）第二卷，第 675 页。
3　见《袁嘉谷文集》（云南人民出版社，2001）第二卷，第 274 页。

情景。1925年农历七月既望，由云龙、袁嘉谷、张学智、陈古逸同游杨一清家乡安宁温泉，刻石纪念。

1926年农历四月二十八日，袁嘉谷与缪秋杰、周哲民、何小泉、张子才同游安宁温泉，摩崖纪念。缪秋杰后来在蜀中与赵熙、江庸、曹经沅往来密切，时督云南盐政。由云龙代理过云南省省长，陈古逸是泸西人，著名书法家。由、袁、张、陈及李根源、刘楚湘、赵式铭都曾聚集在周钟岳麾下编《新纂云南通志》。该志即有关普洱茶的记载。张子才是张学智之子，系袁嘉谷女婿。同年，袁氏游石龙坝，得诗一首。

火生石龙坝上水，地转碧鸡山外天。
村茗不妨客自饮，谷花偏于诗有缘。
风尘奇骏走木末，松杉老鹤眠云边。
信哉倏铁凿混沌，镌石留证千百年。[1]

石龙坝水电站位于昆明螳螂川上游，1912年开始发电。电灯厂建成，袁嘉谷题十二字镌于石上：石龙地，彩云天，烁震电，千百年。石龙坝水电站是中国第一座水电站，意义不小。诗中“村茗”指乡村茶馆提供茶水服务。外地人30年代的观察也表明，那时昆明周边乡村多有茶馆分布。“村茗”，或村茶，各地均有，在时人笔下虽短短两字，却别有深意。夏承焘《鹧鸪天》云：“滩响招人有抑扬，幡风不动更清凉，若能杯水如名淡，应信村茶比酒香。无一语，答

1　见《袁嘉谷文集》（云南人民出版社，2001）第二卷，第275页。

秋光，隔年吟事亦沧桑。笳边谁会苍茫意，独立斜阳数雁行。”[1] 茶中有真意，皆因看淡了名利 ：“若能杯水如名淡，应信村茶比酒香。”真是好句。

1932 年，由云龙倡议继承光绪年间滇籍诗坛前辈朱庭珍、赵藩、陈度遗风，成立南雅诗社。周钟岳、袁嘉谷、赵式铭、王九龄、吴梓伯、萧瑞麟、熊廷权诸人都是该社社员。南雅诗社规定每月聚会两次，第一次聚集地点在涵翠楼。首唱者便是由云龙，周钟岳和之。[2] 这些人中，由、周都代理过云南省省长，周、赵是赵藩弟子，袁嘉谷是特科“状元”，王九龄为东陆大学（云南大学前身）名誉校长。赵式铭有诗云：“遗民近有庐山约，破戒还为置酒尊。”[3] 是诗题为《惺庵、树五、夔举、保权诸君寓庐近在翠湖通志馆左右，连日辱承招饮》，周、袁、由、熊俱在其中。

九龙池即翠湖别称，王九龄、袁嘉谷故居留存至今。友朋聚会，唱和不衰，诗社雅集，茶酒风流，出现一两首茶诗也不奇怪。周钟岳《癸酉上巳禊集玉清山馆》诗云：

山馆联吟病未遑，又逢嘉会促行觞。
竭来沦茗谈无漏，谁与湔兰祓不祥。

1　见《夏承焘词集》（湖南人民出版社，1981）第 27 页。

2　据周钟岳《惺庵诗稿 · 卷十 · 南雅集》所述：“滇中自莲湖吟社后，风流歇绝，迄今将五十年（莲湖吟社起自光绪丙戌，迄戊子，将及三年）。壬申夏，由君定庵邀结诗社，以南雅为名，一月二集，遂命俦啸侣，刻烛传笺。夙懒苦吟，亦积稿累纸，社外之作，并附其中。”

3　见《赵式铭诗选注》（云南教育出版社，2003）第 79 页。

两戒河山犹战伐，六朝裙屐已凋伤。

乾坤俯仰都陈迹，莫怪山阴感慨长。[1]

佛家以各种烦恼为“漏”，则“揭来沦茗谈无漏”即指群聚饮茶谈佛。该诗作于1933年农历三月初三上巳节，依该节习俗，官民出游水滨祓除不祥。这便是颔联第二句“谁与湔兰祓不祥”所说之意。“两戒河山”典出唐人，此处用来代指祖国大好河山。时值日本侵华，故云“战伐”。尾联两句，用王羲之《兰亭集序》典故。王序云“仰观宇宙之大，俯察品类之盛”，又说“俯仰之间，已为陈迹”。兰亭雅集千古流风，代不绝缕，历代文人在追慕先贤之际，亦常抒发胸中块垒，所得依人、情、地、事、境而异，周诗虽说“沦茗谈漏”，终究心情好不到哪里去。由是观之，茶中不唯闲情，充满了修短离长、悲喜感慨。

登高雅集，在公园风景名胜处吃茶，昆明人也叫“吃风景茶”。不唯室外，1928年开业的大华交益社，其顾客以公教人员、中专学生、失业知识分子为主，正是文人谈心“交益”好去处，可媲美于南去不远的华丰茶楼。抗战时期，云南成为大后方，外省机关学校及疏散同胞齐聚昆明。茶馆中增设大鼓、相声娱宾。因以鼓书为主，又称书场。西南联大学生汪曾祺追忆昆明茶馆生活，即属此类。其他小茶馆多分布在文林街和凤翥街，方便西南联大学生泡茶馆。茶馆是观察社会风尚变迁的窗口。那时茶馆里有沱茶，

1　见《历代白族作家丛书 周钟岳卷》（民族出版社，2006）第232页。另，1932年，在玉清山馆举行诗社雅集，周钟岳因病没有出席，有诗记之，末句云：“惜予婴小极，茗坐欠参差。”（《历代白族作家丛书 周钟岳卷》第224页。）

但沱茶算不上主角。今昆明翠湖公园及周边亦有茶室，普洱茶已成茶客必点茶品。

翠湖、西山、金殿、大观楼、黑龙潭、安宁温泉等昆明名胜都是由、袁诸人时常登临游览之地，也是西南联大师生出游之所。黑龙潭位于昆明北郊龙泉山五老峰下，袁嘉谷与同时代人常去赏花游玩，并在玉照堂“担泉煎茗”。这里也是明末书生薛大观（字尔望）跳潭殉国之处，袁嘉谷每游龙泉观必去吊唁一番：“剔苔细读石碑字，老柏鏖风助茗谈。”[1]黑龙潭内有唐代种下的梅花，宋代种下的柏树，耸入云霄，每有风吹过便飕飕有声，仿佛在吟唱那逝去的千年历史。所谓“助茗谈”，不过谈古论今，闲聊抒情，屡屡出现在民国诗词日记中的“茗谈”二字足可观之，时人诗说得更好：煮茗焚香清话久，不知红日落山深。

在袁嘉谷时代，这类纪游茗谈之诗不算孤例，如《夜宿龙泉观》提到“茗话烦襟爽”。全诗云：“落日下西岩，夕阴生林莽。鸟宿带云归，钟鸣催月上。松窗夜气凉，竹径秋光朗。空潭云水澄，幽涧石泉响。踏叶鹿群过，嗛果猿孤往。梅吟古韵清，茗话烦襟爽。境寂空尘梦，心清绝妄想。明朝五老峰，林泉更心赏。”[2]夕阳下山，鸟宿钟鸣，以时间来推动空间景物松、竹、潭的变化，这也是诗人视角的变化。听觉统摄者，包括涧声、猿声、鹿群踏叶声。一番铺叙，由景入情，“梅吟古韵清，茗话烦襟爽”。既然都提到“境寂”“心清”了，应该能睡个好觉。养足精神，起床看五老峰，自然心情舒爽。同是“烦

1 见《袁嘉谷文集》（云南人民出版社，2001）第二卷，第277页。
2 见《袁嘉谷文集》（云南人民出版社，2001）第二卷，第630页。

襟”，宋人丁谓《咏茶》诗早就说过：“烦襟时一啜，宁羡酒如渑？”[1]

袁嘉谷家族的另一个身份就是茶商。他曾从四个维度来讨论普洱茶：倚邦茶、漫撒茶、攸乐茶、易武茶，名声在外；凤眉茶、白尖茶、尖子茶、金飞叶茶，以地域区分；新春茶、阳春茶、四水茶，按品质排论；按时令划分者，以蛮松茶为代表。“蛮松”即今所谓曼松茶，袁嘉谷送给张学智的就是此茶。曼松茶在历史上可以进入贡茶考察视域，但并不具有唯一性。贡茶在历史语境下，还可以囊括其他普洱茶。同其他茶山一样，蛮松茶山也荒芜过，最近一次大规模补种茶树是在十几年前。

张宗祥：浓艳缤纷胜晚霞

由云龙编辑《定庵诗存》，有计划地邀请圈中友人作序。1936 年，周钟岳、袁嘉谷所写序言先后完成。1937 年，袁嘉谷因病逝世，享年 66 岁。1938 年，袁氏督浙江学政时的门人郑鹤春入滇，得内兄寿景伟支持，与冯绍裘、范和钧、李拂一、童衣云、张石城、陆溁等，还有云南本土的缪嘉铭、白孟愚等，为云茶产业变革奔走。他们奔赴茶山一线调查，建工厂，买机器，开启云南机制茶新时代，并奠定了今天云南滇红茶、普洱茶并存的产业格局。在这个交谊圈中，无论是云南名宿，还是他乡诗人，都有专门写普洱茶的诗词。

1　萧天喜：《武夷茶经》（海峡书局，2014）第 414 页。

嗜茶的章士钊写过普洱茶，寿景伟的老师马一浮写过《谢钟钟山惠普洱茶》：“即今普洱苦难得，况乃暑雨值昏垫。”马一浮有茶癖，对龙井、普洱、蒙顶茶、武夷茶都很钟情。1943 年 4 月 1 日，丰子恺与马一浮相逢于乐山濠上草堂，赠马以沱茶。丰氏有诗记之：“草堂春寂寂，茶灶夜迢迢。”同样的场景，丰子恺在《桐庐负暄》中说得更详细：“童仆搬了几双椅子，捧了一把茶壶，去安放在篱门口的竹林旁边。这把茶壶我见惯了：圆而矮的紫砂茶壶，搁在方形的铜灰炉上，壶里的普洱茶常常在滚。”

抗战期间，寿景伟、马一浮的浙江老乡张宗祥（1882—1965，号冷僧）在蜀中也喝过沱茶。一个云南人还教张宗祥喝过罐罐茶：先准备牛奶瓶大小罐子一个，放入沱茶少许，就炉火烤焙，边烤边抖，当茶叶受热微有香气时注入开水，将茶汤倒入碗中，再添加开水，喝起来特别香。张宗祥一生饱读诗书，见闻广博，也精通中医。早前，张在《本草纲目拾遗》[1]中读过关于普洱茶的记载，后来，因缘际会，还真喝到乾隆普洱茶膏和普洱团茶。张宗祥喝过后认为普洱茶对缓解肠胃不适尤其有效。同样的说法，王昶在《滇行日录》[2]中早就说过。送他茶的人叫马衡（1881—1955，字叔平），曾任故宫博物院院长。张宗祥也不是“守茶奴”，他手上的乾隆普洱茶膏，转手就送给了居重庆华严寺的宗镜法师，还顺手送了寿景伟一块道光茶砖。

曾经，马一浮有意入滇办书院，未果。友人也劝张宗祥入滇，

1　《本草纲目拾遗》：“普洱茶大者一团五斤，如人头氏，名人头茶。”“普洱茶膏黑如漆，醒酒第一，绿色者更佳，消食化痰，清胃生津，功力尤大也。”

2　王昶《滇行日录》记载：“普洱茶味沉刻，土人蒸以为团，可疗疾，非清供所宜。”

他写诗答道:“不忍归家思入川,逢君苦口劝游滇。碧鸡金马前人赋,荆棘铜驼故国烟。此去庭帏应入梦,从来生计不名钱。西山片土能全节,六诏犹存旧幅员。”诗中提到的“六诏”,据《新唐书·南蛮传》云:“夷语王为‘诏’,其先渠帅有六,自号‘六诏’,曰蒙巂诏、越析诏、浪穹诏、邆赕诏、施浪诏、蒙舍诏。”[1]有人认为,陆羽在《茶经》中没有写云南茶,主要是因为当时六诏与唐王朝关系胶着,局势不稳,所以陆羽没有见过云南茶。张宗祥虽没来云南,长女张钰(1914—1998,后任宋庆龄秘书)带着妹妹却在昆明,张宗祥诗云:“去岁入川今入滇,相离渐远意凄然。一家骨肉如云散,满地干戈幸瓦全。羁旅老夫身尚健,娇痴弱妹尔应怜。昆明天气闻清淑,时盼平安一纸传。”张宗祥早年写诗不留底稿,张钰私下抄录了一部分。1939年冬,张钰自滇入蜀,张宗祥见到抄稿,很是开心。张居重庆时,在花园中种过云南山茶:“如今乞得滇池种,浓艳缤纷胜晚霞。”只是不知这山茶是否得自张钰。云南人李根源曾说“滇花首山茶,杜鹃紫薇次。茉莉与珠兰,芳香超群卉”,可为张诗注脚。

1939年,当赵熙、江庸、林思进、曹经沅、章士钊等唱和斗茶诗时,顺宁实验茶厂开足马力生产外销红茶。是年11月,曹经沅开始入藏之行,其转缅甸、印度入藏的路线,与云南茶另一条入藏路线大致相同。当时仅佛海(勐海)一地经这条线每年输出十多万担茶叶。1942年,当胡浩川在重庆写采茶诗,一众文人为彭鹤濂写题画诗时,战火波及佛海(勐海),中国茶叶总公司电令范和钧“暂停开支,准备疏散”。这是云南茶业的“至暗时刻”。1943年,当浙江大学

1 方国瑜主编:《云南史料丛刊》(云南大学出版社,1998)第一卷,387页。

教授在湄潭咏茶时，因日军飞机时常窜境，顺宁实验茶厂将拣场疏散到八蜡庙。幸运的是，重庆的复旦大学毕业生谭自立、彭承鑑、沈柏华、谷应等也先后来到云南，为云南茶业奋斗终身。沈氏写过一篇论文，题为《云南普洱茶发展简史及其特性》。光阴似箭，日月如梭，经过近八十年起起伏伏，普洱茶已经成为当下热门茶类，正像张宗祥咏山茶所说的“浓艳缤纷胜晚霞”。

与章士钊、马一浮等用旧体诗记录普洱茶不同，寿景伟、郑鹤春等茶界中人大多倾向于用白话作记录，不少调查报告留传至今，如郑鹤春考察云南茶业、滇茶产销，李拂一考察佛海茶业，谭方之考察滇茶藏销，唐庆阳考察沱茶，等等，就属于此类。此外，袁嘉谷和他的同时代许多人所留下茶诗[1]，有的与普洱茶直接相关，有的则未必，不可一概而论。一个需要引起注意的事实是，在不同历史时期，普洱茶指向的称谓和意义并不相同，每个称谓都有相应时代背景。如1921年《银行月刊》列出的中国四大名茶包括：“普耳”、武夷、龙井、毛尖。并言武夷普耳一向销往北京、天津。这里需要注意的是，“普耳”二字并不同于今天通行写法“普洱”。1940年，浙江省政府的一份公报表明，普洱茶在那时至少可以指向三个称谓：沱茶、团茶和砖茶。这份公告中还有一个细节，即这三类茶“亦多内销”。

在袁嘉谷、张学智一辈人观念中，茶叶是通向家乡的信物，寄托了他们的思乡之情。每个人都有自己的故乡，每个人家乡所产茶

1　如“一缕茶烟熟”“觅句花间试普茶”“乡心聊醉普山茶”“茗味寒闺十指来”“画廊晓雨湿茶烟”等。（均见《袁嘉谷文集》第二卷）

叶皆不同，偏爱家乡茶无可厚非，但对茶叶的鉴赏，又是另一个专业领域的事情，需要专业的人来做。从这个角度来看，我们才能理解中国茶业公司与复旦大学合作创办茶学系，一众茶业专家学者在抗战期间涌入云南的意义所在。行业进步需要更多从业者具备良好之职业素养和正向观念。观念之变迁，又非一朝一夕之事，任重而道远。

采茶辞：始终效命只斯茶

1937 年，上海复旦大学、大同大学、光华大学、大夏大学四所大学计划组成“联大”内迁。稍后其他两所大学退出，仅留下复旦大学、大夏大学组成联合大学。事实上，这个“联大”又分成两个部分，一部分以复旦大学为主，另一部分以大夏大学为主。前者迁往江西，后者迁往贵州。是年 12 月，复旦大学从江西迁到重庆。1938 年 2 月，鉴于两部事实上已经独立办学，“联大”宣布解体，两校恢复本来校名。复旦大学先在北碚租用民房，后在夏坝新建校舍，前后办学八年（1938—1946）。时人有诗云：“无中生有起明堂，水绕山环云树乡。平地一声开学府，门墙桃李继先光。”

1938 年，前上海劳动大学农学院院长李亮恭来到重庆的复旦大学，主持筹建垦殖专修科，并陆续聘请王泽农、陈国荣等到校任教。1939 年秋，设立农艺学系，陈国荣任系主任。茶叶在当时是重要出口物资却发展乏力，为了提高中国茶叶在国际上的竞争力，1939 年，中国茶业公司总经理寿景伟、协理吴觉农与复旦大学方面负责人吴

乔木型茶树，澹雅供图

南轩、孙寒冰、李亮恭会谈，合作成立茶叶教育委员会，以培养专业人才和研究茶叶外销与产制技术。1940 年，复旦大学建立农学院，并设茶叶组、茶叶专修科和茶叶研究室。

1940 年 5 月 27 日，日军空袭重庆复旦大学，孙寒冰等七位师生遇难。是年 9 月，中国茶业公司拨款九万元作为经费，委托复旦大学开办茶叶系及茶叶专修科，但教育部只允许设立茶叶组。茶叶组由吴觉农任主任，具体工作由胡浩川主持。虽然不是茶叶系，但是这个茶叶组的规模也不小，可招收四年制本科生和二年制专科生，还有独立运作的研究室，下辖生产、化验、茶叶经济三部和一个资料室。

1942 年农历二三月间，胡浩川带领复旦大学师生到巴岳山茶场实习。制茶之余，师生间写有三十余首茶诗，名《玄天宫采茶去来辞》[1]。先由胡浩川用“茶”韵写了三首七绝诗，其他人依次和诗，胡再作同韵诗相酬，或一首，或两首，或三首。通过这组诗及对相关人事进行考察，可以一窥现代茶人精神。

胡浩川：满身云气满腰茶

胡浩川（1896—1972），安徽六安人，著名制茶专家、茶学家。1941 年 10 月至 1943 年 5 月，任教于重庆复旦大学茶叶系，当过系

1　这组茶诗由王郁风（1932—2008）据自藏孤本整理：“全文一字不动地录转于兹。”该孤本是“手刻蜡板土纸油印，字迹漫漶，装订粗陋”，部分文字缺失。以□代替。

重庆市南川区茶树，舒小红供图

重庆涂山寺，寺内供有真武祖师像，李文婧供图

主任和研究室主任。巴岳山茶场位于重庆西北方向的铜梁，据相关方志记载，植茶历史悠久。从重庆主城区到铜梁，水上陆地皆可通行。走水路，沿嘉岭江乘船至合川再转乘滑竿，全程约165千米。走陆地，沿成渝公路到江庸的出生地璧山约69千米，再至铜梁约50千米。彼时，限于交通条件，从重庆主城区到铜梁得花上两天时间。[1] 复旦大学所在地北碚离铜梁更近，所花时间会少一些。

三月山城处处花，如何猎艳让人家。
咱们别有还春愿，巴岳山头去采茶。

胡诗作于1942年3月27日，即农历二月十一，已经过了春分[2]。三月山城美景很多，如何从众多美景中找出特色美景，胡浩川等的做法是去巴岳山采茶。从文本角度来看，猎艳有搜寻华丽辞藻的意思。黄庭坚言诗如美色，所谓“猎艳”，或指如何就寻常题材写出新意。

算算修金不够花，烟茶两好教分家。
神前许愿今天起，不再抽烟只吃茶。

1　沙千里：《铜梁掠影》（1938）。

2　原诗注明写作时间“卅一年三月廿七日”，后面两诗写作时间为“四月二日”“四月九日”。据《铜梁县志　1911—1985》（重庆大学出版社，1991）说法：铜梁区内海拔为185～886米，受亚热带季风影响，气候湿润，冬暖春早，春季升温快。结合茶叶采摘与清明、谷雨之关系，则胡诗所提日期皆是公历日期。据此，可以推定相应节气。1942年春分为二月初五（3月21日），清明为二月二十（4月5日），谷雨为三月初七（4月21日）。

此诗作于 1942 年 4 月 2 日，距清明节三天。“修金”旧时专指给教书先生的报酬。前人说“烟茶不分家”，但享受烟茶，都有成本，修金有限时，只能择其一，没有修金时还得全部放弃。胡诗说修金只是不够花并不是没有，所以在神前许愿，自今天起“不再抽烟只吃茶”。巴岳山有玄天宫等历史名胜，神前许愿，也许并非实际行动，但有相应的历史氛围，也可能是胡浩川为了突出许诺“只吃茶”的郑重。

管他春草与春花，山是工场庙是家。
去住归来何所有，满身云气满腰茶。

是诗作于 1942 年 4 月 9 日，清明节后第四天，诗容易理解，关键在“山是工场庙是家”句。胡浩川一行到巴岳山，主要目的是采

重庆渝中半岛，刘波供图

茶制茶，以茶场为工作中心，这是很务实的态度。工作重点自然不是春草春花，而是“满腰茶”。“庙是家”表明了当时居住条件。严格来说，寺和庙不是一回事，简言之，前者指僧人的居所，后者指祭祀场所。结合组诗题目可知，这里的“庙”就是玄天宫。至于为什么是“庙是家”而不是“宫是家”，可能与诗人认知习惯有关。

陈子展：苦茶从此是甘茶

陈子展（1898—1990），原名炳坤，以字行，长沙人，《诗经》研究专家。曾任复旦大学中文系系主任。陈早年在《申报》开专栏写杂文，稿子数量和稿酬可比肩鲁迅。他还是《人世间》的撰稿人，在林语堂看来，其分量堪比曹聚仁。陈因“浩川先生率诸生采茶巴岳诗有猎艳人家语，戏用其韵”，和了两首。陈即采用“次韵”方式和诗。

巴岳之间又见花，缤纷桃李到山家。
寻芳采嫩何多让，莫负春光莫负茶。

室有清香圃有花，玉川争似浩川家。
手调苦味甘如荠，乘兴能烹新制茶。

陈诗第一首很容易理解，言春光花茶兼得，所谓“莫负春光莫负茶”。吴觉农评价说“缤纷桃李到山家”让人想到舞雩山水之乐。

刚采摘下来的鲜叶，李成萍供图

畢業證書

學生譚自立係湖南省祁陽縣
人現年二十四歲在本校農學院
農藝學系茶葉組學系修業期滿成績及
格准予畢業依照學位授予法
第三條之規定授予農學士
學位此證

國立復旦大學校長章益
農學院院長毛宗良
農藝學系茶葉組學系主任姚傳法

中華民國三十三年七月　日

复旦大学农艺学系茶叶组谭自立毕业证书，李峻供图

吴氏说法出自《论语》，乃是曾皙志向："暮春者，春服既成，冠者五六人，童子六七人，浴乎沂，风乎舞雩，咏而归。"[1]春天里，有老人、孩子陪着，在水边洗洗澡，在舞雩台上吹吹风，唱唱歌，走走路，也是好的。孔子对此表示认同。吴觉农1939年就来过巴岳山，对茶场并不陌生。考虑到这次是复旦大学农学院师生出行，吴觉农的评价也有道理，所以，第二句"桃李"不是实指果木，而且代指学生。

陈诗第二首"玉川争似浩川家"正合"戏用其韵"之说，将玉川子卢仝与胡浩川相提并论，因为茶这个因素，再自然不过，关键在"乘兴能烹新制茶"句。于卢仝而言，将朋友杨谏仪派人送到的茶"纱帽笼头自煎吃""碧云引风吹不断，白花浮光凝碗面"；于胡浩川而言，采茶、制茶、吃茶也是自然之事，两者具体场景有同有异，俱能"乘兴"，这很重要。面对生活，"手调苦味甘如荠"，也重要。《诗经》云："谁谓荼苦，其甘如荠。"[2]有人认为"荼"即"茶"。荠是野菜，陆游《食荠》诗云："日日思归饱蕨薇，春来荠美忽忘归。"[3]另有《食荠十韵》："惟荠天所赐，青青被陵冈。珍美屏盐酪，耿介凌雪霜。"[4]

胡浩川据此又酬了两首：

君能朽木变生花，风雅翻新独到家。

1　杨伯峻译注：《论语译注》（中华书局，2012）第167页。
2　周振甫：《诗经译注》（中华书局，2013）第50页。
3　《剑南诗稿校注》（浙江古籍出版社，2016）第二册，第18页。
4　《剑南诗稿校注》（浙江古籍出版社，2016）第二册，第411页。

秽蔑秀诬看再扫，苦荼从此是甘茶。

我爱江南不为花，伴无梅鹤况携家。

平生冷落春无量，未负多情是此茶。

第一首前两句夸赞陈子展，后两句点出夸赞的原因。陈子展是研究《诗经》的名家，深耕这个领域达五十年，代表作为《诗经直解》。20 世纪 30 年代，陈开始发表相关研究成果。简言之，陈氏认为《诗经》中的“荼”就是“茶”，有胡浩川所写跋尾为证：“子展先生，今译毛诗，明志达诂，前无古人。兹以‘邶’之‘荼’为‘茶’，视旧说蔑如也；则‘荼’在‘颂’为‘秽草’，在‘郑’为‘茅秀’，训者谅可同矣。”[1]

第二首是正面回应陈诗的：陈说“莫负春光莫负茶”，胡说“我爱江南不为花”；陈说“玉川争似浩川家”，胡说“伴无梅鹤况携家”。胡的态度很明确：“平生冷落春无量”，但“未负多情是此茶”。“梅鹤”典出宋人林和靖，有“梅妻鹤子”之称。林是著名隐士，也写茶诗：“石碾轻飞瑟瑟尘，乳花烹出建溪春。世间绝品人难识，闲对茶经忆古人。”[2]

1 胡浩川这段跋尾列举了“荼”字在《诗经》中的使用情况：第一种出自《邶风·谷风》，即“谁谓荼苦，其甘如荠”；第二种出自《颂·良耜》，即“以薅荼蓼，荼蓼朽止”；第三种出自《郑风·出其东门》，即“其女如荼”。周振甫将上述“荼”字依次解作苦菜、茶草、白茅花；陈子展则解为苦荬菜、杂草、白荼花。由是观之，胡所引陈对荼的解释，应该是早期观点。

2 见《林和靖诗集》（浙江古籍出版社，1986）第 170 页。

李兴传：何如静坐一杯茶

李兴传和胡浩川诗共两首。诗云：

满城风雨满城花，隔岸亭亭是酒家。
赢得狂欢须买醉，何如静坐一杯茶。

月吐清明否[1]吐花，新诗读罢倍思家。
去年此日珠泉上，夜夜有人同吃茶。

李兴传似乎是湖北人，他和下面即将“出场”的谭开云、蔡钧都是复旦大学农学院茶叶专修科1940级学生。李兴传和胡浩川两诗，第一首是写眼前景，核心意义在第四句“何如静坐一杯茶”。第二首是忆去年，表达思家之情。亭亭酒家、狂欢买醉和夜夜吃茶、静坐思量，自有差别。李诗第二首提到的“珠泉”可能就是湖北襄阳南漳县内的“珍珠泉”。

胡浩川《酬李兴传同志》也是两首。诗云：

水生纹理火生花，烹煮时哉技满家。
殊色殊香殊味也，□□□在一杯茶。

忍从闲情到野花，清明节也不思家。

1 “否”疑为“杏”字，

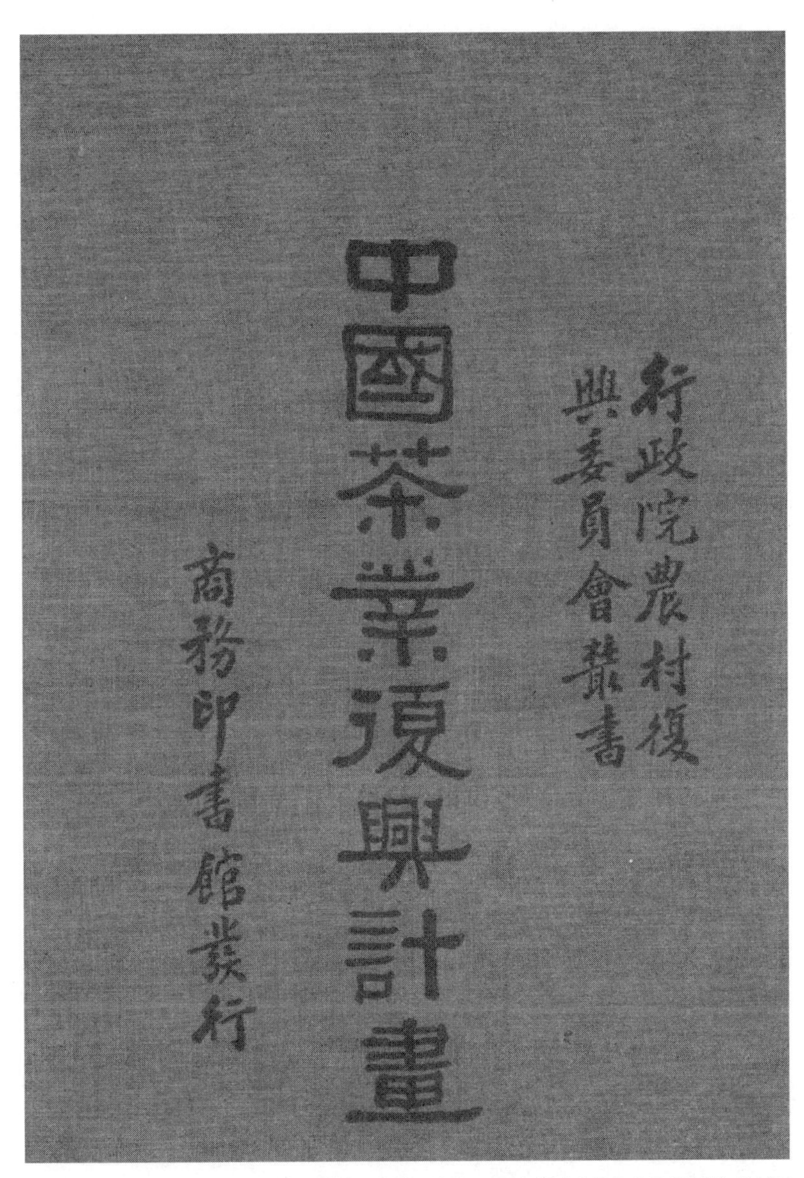

吴觉农、胡浩川合著 1935 年版《中国茶业复兴计划》的封面

桃花绽放，作者摄于 2014 年

劳子别恋春滋味，亲采亲烹一品茶。

据前文可知，胡浩川率先所写第三首诗写作时间是4月9日，而这两首是胡对李氏和诗所作的酬诗，那么，这些诗的写作时间当在4月9日之后，即在清明之后。胡浩川回复李兴传两诗，第一首有缺字，但并不影响整首诗意思的表达。胡在这里强调煮茶的专业性：只有掌握了一定的技能，才能煮出色香味俱佳的好茶。第二首是劝慰李兴传勿恋春光，暂缓思念，“亲采亲烹一品茶”。

谭开云：不采仙桃只采茶

谭开云和胡浩川诗云：

巴岳山中有异花，如何赏玩尽山家。
儿童应笑等闲客，不采仙桃只采茶。

谭开云是湖南人，所谓“不采仙桃只采茶”，表面看来似有入宝山而不采宝之憾。他以“儿童”视角来呈现这首诗，似是用儿童身份在“笑”，也是自己在“笑”。“不采仙桃而采茶”，在潜意识里茶与仙桃具有同等价值。陆羽《茶经》引述《晋书》说法：东晋人单道开常饮茶与紫苏做成的饮料，得享高寿。胡浩川作《酬谭开云同志》表明自己的态度。

不爱人间富贵花，更何缘分做仙家。

愿丢灵验长生果，采取平凡快活茶。

胡诗说：不爱富贵，也没有做神仙的缘分，更不想吃令人长生不老的人参果，只在平常日子里有茶喝就很快活了。

蔡钧：卖与有闲人品茶

蔡钧和胡浩川第一首诗云：

商女满街如落花，不知身世属谁家。

去年忆我合川遇，遮请为她围打茶。

唐人杜牧诗云“商女不知亡国恨，隔江犹唱后庭花”，是亡国之音，但换一个角度来看，面对生存压力，就像蔡钧诗中所说那些沦落江湖的女子一样，身世不是最重要的，遇到年轻男子，依旧会“遮请为她围打茶”。这里的“围打茶”就是“打茶围”，胡适写日记时经常提到，指旧时男女间的一种消遣活动。蔡钧学茶之前在农村当过多年老师，似乎对城镇生活不太熟悉。在他看来，“打茶围”算是新鲜事。

胡浩川《和蔡钧同志忆所见》云：

重庆南岸览胜亭，刘波供图

忍喻人为堕溷花，非吾胞与泉良家。
谁怜一夜输清白，难换三天饱饭茶。

对那些没有固定经济来源的乱世女子来说，胡浩川自然能理解她们处境，所以才会在和诗中提到“谁怜一夜输清白，难换三天饱饭茶”。这些风尘中人，就像那些落在污秽物里的花朵一样，人在江湖，身不由己。

蔡钧和胡浩川第二首云：

早出连回喜笑狂，山农三月采茶忙。
制成簇簇旗枪好，卖与有闲人品茶。

蔡钧的和诗将视角集中在山农身上。如同白居易观察卖炭翁真实处境般，山农采茶制茶并非自己喝，而是“制成簇簇旗枪”，卖给有钱有闲之人品尝，亦如前人所说“遍身罗绮者，不是养蚕人”。民国年间，巴岳所产名茶多供外贸出口或官绅饮用，老百姓日常饮用多是自制代用茶，如荆芥、荷香、金银花、金樱子、楠木香、刺梨叶等。[1]

此情如火境如花，妙手诗成胜画家。
动我远怀生别感，为君再进一杯茶。

胡浩川《酬蔡钧同志采茶忙》并没有纠结于蔡氏所提问题，肯

1 见《铜梁县志 1911—1985》（重庆大学出版社，1991）第 341 页。

定他“妙手诗成胜画家”同时，只说了句“为君再进一杯茶”。但“动我远怀生别感”这句提醒我们，胡浩川对蔡钧提到的山农处境并不陌生，这也许就是他为中国茶业奋斗的内因之一。他曾和吴觉农合写《中国茶业复兴计划》，对茶栈剥削茶农的伎俩再清楚不过。

高桂英：汤火功夫此艺茶

高桂英和胡浩川诗两首如下：

无愁无病恼春花，东望栖霞不见家。
又是一年倭未灭，明年何处试新茶。

嘉木繁阴不在花，人何文艺出名家。
民生学术农为首，汤火功夫此艺茶。

高诗第一首提到“又是一年倭未灭”正是当时众人的真实处境。这也解释了“无愁无病”却“恼春花”的真正原因。东望不见故园，“明年何处试新茶”。高和下文即将出现的童晓轩都是茶叶专修科1941级学生。从“东望栖霞”可以推知，高桂英可能是江苏南京人。吴觉农从高诗中读出了李白诗兴味：“一为迁客去长沙，西望长安不见家。黄鹤楼中吹玉笛，江城五月落梅花。”[1]五月无梅花，李诗所谓“五月落梅花”乃由笛声引发的想象之辞。吴氏认为，高诗“丧

1 《与史郎中钦听黄鹤楼上吹笛》，载郁贤皓校注：《李太白全集校注》（凤凰出版社，2015）第六册，第2947页。

重庆佛图关，刘波供图

乱流离过之远矣，而无客地落寞伤时之感”。这首李诗开篇即用贾谊被贬长沙典故，表现的是飘零沦落之感，高诗写的则是乡愁客思，如果要以李诗作比，《春夜洛城闻笛》会更恰当些：“谁家玉笛暗飞声，散入春风满洛城。此夜曲中闻《折柳》，何人不起故园情。”[1]高诗第二首中提到“民生学术农为首，汤火功夫此艺茶”，说出一代茶人心声，深得吴觉农赞赏，更是胡浩川苦苦追求的梦想：为复兴中国茶业而奋斗。

胡浩川《酬高桂英同志》两诗如下：

明年春看秣陵花，任子狂欢在老家。
为洗诛倭余血味，雨花泉煮摄山茶。

1　郁贤皓校注：《李太白全集校注》（凤凰出版社，2015）第七册，第3250页。

杭州花当汴州花，断送中原宋赵家。
为救民艰纾国难，始终效命只斯茶。

胡诗第一首中“为洗诛倭余血味，雨花泉煮摄山茶”正是回应高诗提到“何处试新茶”，胡浩川显然要乐观得多。雨花台泉被前人评为天下第二泉。“摄山”又称“散山”，六朝时改称“摄山”，南齐建栖霞寺，改名“栖霞山”，在今南京东北方向。茶圣陆羽曾到栖霞山试泉品茶。皇甫冉《送陆鸿渐栖霞寺采茶》诗云：“采茶非采绿，远远上层崖。布叶春风暖，盈筐白日斜。旧知山寺路，时宿野人家。借问王孙草，何时泛碗花。”[1] 清代诗人厉鹗曾作《摄山杂咏十二首》，其中一首题为《试茶亭》，说的正是陆羽诸人事。高桂英在诗中提到“东望栖霞”，胡诗则云“摄山茶”，非常妥帖。胡诗第二首“杭州花当汴州花”之说，显然来源于宋人林升诗句“直把杭州作汴州”，但胡浩川并没有一味指责，他很清楚自己这一辈人身上的责任与担当，所以，才会说出“为救民艰纾国难，始终效命只斯茶”这样振奋人心之话。

关于“杭州花”句，吴觉农指出有趁韵之嫌，并举前人评价苏轼“树头初日挂铜钲”[2] 为例：“‘树头初日挂铜钲’，韵歌将为‘铜锣’，韵元为‘铜盆’，韵寒为‘铜盘’，韵蒸为‘铜甑’，可称一例。”吴觉农说这话是清人赵翼说的。赵氏《瓯北诗话》卷

1　见《全唐诗增订本》（中华书局，1999）第 2181 页。

2　该句出自苏轼《新城道中二首》第一首：“岭上晴云披絮帽，树头初日挂铜钲。”见《苏轼全集校注》（河北人民出版社，2010）第 862 页。

五专论苏轼诗，但讥讽苏轼凑韵（趁韵）者却是写《北江诗话》的洪亮吉。[1]元人方回与清人纪昀对这句苏诗的评价也不高。日本汉学家小川环树注意到此诗包含的异质要素，但并没有否认其比喻新奇。钱锺书《管锥编》旁征博引，言其不过“取譬于家常切身之鄙琐事物”。王水照也以为苏诗“以平常事物为喻体，新鲜奇特”。

童晓轩：真武披云采碧茶

童晓轩和胡浩川诗如下：

春满巴山万木花，又看燕子入人家。
一年胜事堪长味，真武披云采碧茶。

童是重庆人，所以见到万木春满，燕子归巢，自然感到亲切。他没有异乡人的体验，所谓“一年胜事堪长味”，可能他真心喜欢当时所见的春光。至于“真武披云采碧茶”云云，既写采茶环境云雾缭绕，又抬出真武大帝这位道教谱系中的人物，或与当地信仰有关。巴岳山茶场场部设置在峰顶玄天宫道观，祖师殿中供奉了真武大帝像。在中国有些地区，真武大帝被祀为茶神。

1　吴觉农所引只是述其主要意思，洪亮吉《北江诗话》原文为：“尝有友人子以诗见示，笔甚清脆，卷中忽以铜钲二字代晓日，予曾谕之曰：‘东坡此种，最不可学。’今用庚字韵，故曰铜钲；若元字韵，则必曰铜盆；寒字韵，则必曰铜盘；歌字韵，则必曰铜锅矣。坐客皆失笑。”（《北江诗话》[人民文学出版社，1998] 第 92 页）

百草回芳树发花，新都烟雨万人家。
嘉陵江上春来早，三月深山已采茶。

胡浩川这首《酬童晓轩同志》层层铺垫，不过是说春回大地，嘉陵江畔杂花生树，万家烟雨，正是采茶时节。“新都”，指重庆，为战时陪都。

郭豫才：不敢抽烟又没茶

仍是修金不够花，烟茶从来非行家。
许愿罚金君莫订，闲时何妨烟和茶。

苗久棚（字雨膏，生卒年不详）是昆虫学家，为中国科学社永久会员，也是胡浩川在复旦大学农学院的同事。他自承并非烟茶方面的行家里手，但并不妨碍他喜爱烟和茶。值得一提的是，苗诗“并和（郭）豫才”。他不是孤例：杨振声和朱自清茶诗，也“并和”过张充和。

不爱衔杯不挖花，戒烟又废老专家。
省钱为买当家货，柴米油盐酱醋茶。

胡浩川这首《酬苗雨膏先生》却说有所选择是为了把有限的钱花在该花的地方，购买当家货“柴米油盐酱醋茶”。

根奎修金不够花，烟茶老早即分家。
一吃香烟罚五块，不敢抽烟又没茶。

从郭豫才（1909—1993，原名郭筱竹，河南滑县人）这首和胡浩川诗可以推知，郭豫才和苗久棚为了戒烟做过约定：一旦发现对方抽烟，就罚款五元。苗久棚囊中羞涩，早就在烟和茶中间做出了选择，“不敢抽烟又没茶”，或见其生活之窘迫。浙江大学数学系教授陈建功原先一天要抽五十支烟，随校西迁，物价飞涨，生活困难，索性把烟戒了。苏步青听说后，也戒了烟。[1] 郭氏早年在河南大学博物馆当研究员，主持过考古工作，抗战期间，与同事一起将珍贵文物运到重庆妥为收藏。

胡浩川《酬郭豫才先生》云：

唱和工夫不惜花，神交情胜旧通家。
香烟那日重开戒，要为先生泡好茶。

“通家”指交谊深厚。重开香烟戒，足见胡浩川也尊重别人的生活习惯。为郭泡好茶，正是友情的体现。吴觉农批评胡氏后两句落入“打油”下乘。考虑到同韵唱和，打油也好，趁韵也罢，能完成任务就已经很不错了。

1 见《浙江大学在遵义》（浙江大学出版社，1990）第 137 页。

谢湛如：山家滋味旧相知

谢湛如是安徽六安人，跟胡浩川是老乡。曾任国民政府监察院书记官和主任秘书，在于右任手下工作。于右任时任国民政府监察院院长，也是复旦大学校友和校董，为复旦大学西迁重庆出了不少力。复旦大学北碚校区所悬校名牌匾就是于氏所书。谢湛如作诗两首，韵脚与胡浩川等人所作不同。诗云：

筠笼满贮碧萝春，银甲敲诗字字新。
为和劳歌心亦往，山家滋味旧相知。

采茶人忆碧岩阿，幽韵遥传踏踏歌。
窈窕春山二三月，故园清梦近来多。

谢诗第一首中提到茶满筠笼，“银甲敲诗”。“银甲”，指弹筝或琵琶时使用的银制指甲套。李商隐《无题》诗云：“十二学弹筝，银甲不曾卸。”[1]所谓“山家滋味旧相知”写茶也写友情。依当时的制茶条件来看，胡浩川等人所制为绿茶。可能因为碧螺春太出名，谢诗用了音同字不同的“碧萝春”三字，主要是形容春茶之新。第二首中提到“故园清梦”，可能正是由于春山窈窕好采茶，眼前景物让他想起故乡茶山那缥缈歌声。江庸曾与方令孺、张云川等同行，自安徽合肥取道芜湖返回上海，车中写诗追忆行程，有“外山不抵里山佳”句，说的正是谢湛如家乡的六安茶。内行人都知道，六安

1　冯浩笺注：《玉溪生诗集笺注》（上海古籍出版社，1979）第20页。

茶有里山、外山之别。[1]

胡浩川《用原韵再作三首兼示谢湛如先生》，意味着这次唱和活动正式结束。

东坡何事眼昏花，数典咏茶忘老家。
致饮公然云近出，不知西蜀汉烹茶。

书画琴棋诗酒花，□□七福有谁家。
风流事业予无份，只取诗儿别配茶。

囊无韵本笔无花，白战一时应十家。
七绝为求三句稳，一章要吃十杯茶。

谢湛如提到“故园”，胡浩川则说“老家”。胡指出四川人苏轼咏茶，只知“茗饮出近世”[2]，而不知早在西汉时期，川人王褒就在《僮约》[3]中提到“烹茶尽具”。胡浩川在前诗中提到“柴米油盐酱醋茶”，第二首提到“书画琴棋诗酒花”，从厨房到书房，但当

1 见《江庸诗选》（中央文献出版社，2001）第199页。

2 “茗饮出近世”出自苏轼《问大冶长老乞桃花茶栽东坡》，全诗为：“周诗记苦荼，茗饮出近世。初缘厌粱肉，假此雪昏滞。嗟我五亩园，桑麦苦蒙翳。不令寸地闲，更乞茶子蓺。饥寒未知免，已作太饱计。庶将通有无，农末不相戾。春来冻地裂，紫笋森已锐。牛羊烦诃叱，筐筥未敢睨。江南老道人，齿发日夜逝。他年雪堂品，空记桃花裔。”大冶，在今湖北省大冶市内。“桃花”，寺名，其地所产茶叫“桃花绝品”。见张志烈等主编：《苏轼全集校注》（河北人民出版社，2010）第四册，第2360—2361页。

3 西汉时期王褒所写《僮约》内容表明：西汉时期已存在茶叶交易。

此乱世，样样具备之家，又有几何？所以，胡诗只淡淡地说一句“只取诗儿别配茶”。“风流事业”，即“书画琴棋诗酒花”。第三首，即最后一首是说，在没有参考书（“韵本”）的情况下，一个人要与十个人唱和，为了使茶诗作得稳妥，“一章要吃十杯茶”。这 32 首茶诗胡浩川一人就写了 18 首，虽非必然喝了 180 杯茶，但写了这么多诗，茶自然也喝了不少。茶助文思，是诗人共识：“诗清都为饮茶多。”

巴岳山是北宋名茶“水南茶”产区，所在地铜梁有不少名胜古迹，历代诗人多有题咏，但像胡浩川这样的茶叶专家写巴岳山茶组诗，可能绝无仅有。胡浩川年纪比吴觉农还大，一生涉及制茶、教育、管理多个岗位，贡献也是多方面的。以诗论诗，这组茶诗自然并非都是精品，其重要性在于胡浩川等赋予其新的时代意义。而中国茶叶公司和重庆复旦大学的合作，更是开启了中国现代茶叶教育的先河。随着 1952 年全国院系调整，复旦大学的茶叶专修科并入安徽农业大学，改为四年制茶叶系，又培养了不少专业人才。胡浩川等茶学家的弟子或学生，又奔赴祖国的大好河山，继续为中国茶事业奋斗。1940 年级茶叶专修科学生谭自立到贵州湄潭当过牟应书[1]的班主任。这个学校是浙江大学与湄潭实验茶场合办的职业教育学校。实验茶场场主就是河南人刘淦芝。

1 牟应书 1943 年进入贵州省湄潭实用职业学校学习，师从谭自立、李联标、朱源林，为贵州茶的发展做出过很大贡献。详见《我的茶叶生涯》（贵州人民出版社，2014）。

湄江吟：闲邀几辈乱离人

1937年，浙江大学师生先后迁移至天目山、建德、吉安、泰和、宜山，并于1939年11月迁至遵义、青岩、湄潭、永兴，在贵州办学七年。[1]与西南联大在云南、武汉大学在乐山、复旦大学在重庆的办学时间大致相当。

1942年4月15日，黄炎培上午九点到达遵义，经友人指引找到水硐街三号与张其昀夫妇见面。当晚七点，张邀黄前往子弹库浙江大学本部聚餐。陪客包括梅光迪、张荫麟等11人。次日下午四点，黄炎培乘车到湄潭，75千米路程用时3小时。当天晚上，黄氏入住老友江恒源家。第二天，江陪黄见了胡建人、胡刚复、杨守珍、罗登义、罗宝洛、张孟闻、蔡邦华等浙江大学教授。18日，黄去拜访祝文白、贝时璋、张孟闻，午饭是与胡建人一起吃的。参观完浙江大学各部校舍，出东门进北门，复出南门，来到中央农业试验所所设茶场参观制茶，见了场长刘淦芝，当场试喝新茶，黄觉得味道很美。晚宴

1　1942年，浙江大学龙泉分校迁至福建松溪，是年又迁回龙泉。

抗战期间，浙江大学师生想喝一杯地道龙井而不可得。图为杭州龙井茶园，丁宇杨供图

由江恒源、乔梓发起，祝、刘、贝、王及谈家桢、苏步青都到场作陪。19 日，江、乔二人又陪黄再游茶场，午餐由王季梁招待。同日，黄炎培赋诗赠刘淦芝：“第一成功善用民，山园小试乐生生。湄红桥接莲台路，杯底清香涧底声。”末句写茶非常传神。20 日下午四时，黄炎培乘车离开湄潭。21 日，黄请人代购两色面粉，托原车司机带回湄潭分赠江恒源夫人、程石泉夫人和钱宝琮夫人。[1]

黄与江相交三十年，在职业教育领域齐名，临行前作绝句八首相赠。两人都是旧体诗爱好者和写作者。1943 年，经钱宝琮、苏步青倡议，仿前人传统，诸位教授自愿结社，是为湄江吟社。该社社员前后共九人：苏步青、江恒源、王季梁、祝文白、钱宝琮、胡哲敷、张鸿谟、刘淦芝、郑晓沧。湄江吟社共举行八次雅集，第四次雅集正值当地新茶上市，社员以“试新茶”为题，留下了十余首茶诗。[2]

历史上，不乏写品饮新茶诗，流传最广者当属卢仝（约 775—835，自号玉川子）《走笔谢孟谏议寄新茶》，该诗“七碗茶”部分将古代饮茶感受写至巅峰。此诗其实还隐藏另一层重要意思：为了“至尊”能喝到最早的春茶，万亿苍生只得“堕在颠崖受辛苦”。那么，这群湄潭教授所写“试新茶”，又有什么不一样的历史意蕴呢？

1　见《黄炎培日记》（华文出版社，2008）第 7 卷，第 254—258 页。

2　关于这八次雅集所作诗篇，均收录于《湄江吟社诗存第一辑》为石印本，存量稀少。1986 年，《贵州省湄潭县文史资料》第 3 辑全文刊登了这些诗。本章所引诸诗，即源出于此。第四次雅集以试新茶为题，限人字韵，属于《平水韵》上平声“十一真”韵。

1939 年绘制的中央实验茶场地图，韩先霞供图

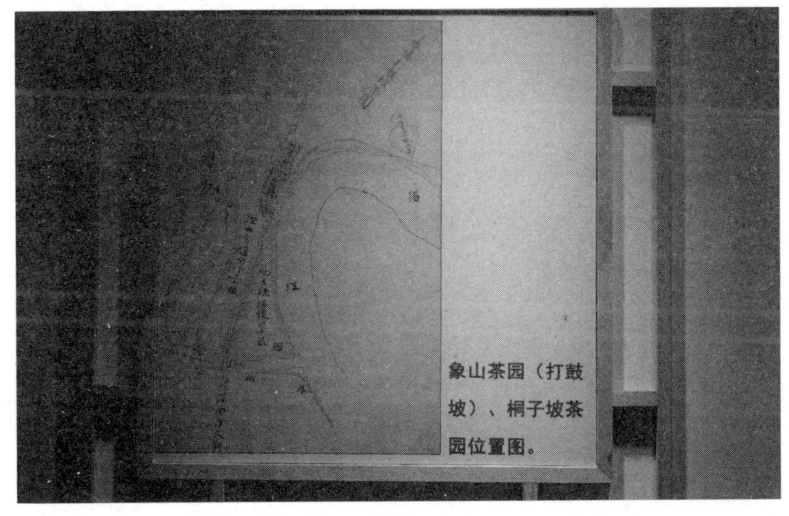

实验茶场象山茶园、桐子坡茶园位置图，韩先霞供图

博物馆展示各种制茶场景，韩先霞供图

博物馆展示制茶机器，韩先霞供图

刘淦芝：聊将雀舌献嘉宾

刘淦芝（1903—1995），河南商城人，留美博士，昆虫学家，茶学专家，曾任茶场场长，也在浙江大学兼任植物病虫害学系教授。刘诗题为《试新茶》。

乱世山居无异珍，聊将雀舌献嘉宾。
松柴炉小初红火，岩水程遥半旧甄。
闻到银针香胜酒，尝来玉露气如春。
诗成漫说增清兴，倘许偷闲学古人。

“茶贵新”观念在中国历史悠久，送人新茶，送的是心意，受者自然感念。在文人间，回赠诗作是标准动作。可以说，自茶诗诞生以来，咏新茶写作就开始了。“雀舌”用以描述茶叶的细嫩程度，多用于名优绿茶。“银针”用以描述针形茶叶，如属于白茶类的银针，也有属于绿茶类的银针。“玉露”用来描述一种针形绿茶，如湖北“恩施玉露”即为此中名品。云南墨江亦出产玉露茶，名“墨江云针”。“乱世”两句言战争之年用新茶（雀舌）款待诸位来宾。刘氏为此次雅集的召集人，这话有自谦之意，符合他的身份。“松柴”两句写火、炉、水。炉是小炉，水是山泉，用来盛水的陶器（甄）是旧的。“闻到”两句中的“银针”“玉露”都是茶名。“诗成”两句是说，“我们”相聚品茶，不过学古人忙里偷闲，聊以自娱。

江恒源：一室茶香共试新

江恒源（1886—1961），字问渔，号蕴愚，江苏灌云人，职业教育家。其诗题作《第四次诗课同人试饮新茶感赋长句得人字》。

座中都是倦游人，云海相望寄此身。
梦醒何堪惊久客，诗成多为惜余春。
万山雨霁忽争褒，一室茶香共试新。
龙井清泉无恙否，西湖回首总伤神。

宋哲宗元祐四年（1089），大文豪苏轼54岁，正在杭州任上。是年八月，其弟苏辙奉命出使辽国，东坡写诗劝慰，开篇就说："云海相望寄此身，那因远适更沾巾。"[1]1943年，江恒源57岁，直接借用苏诗，从异乡人角度看，可谓确当。"倦游人"是说大家都是他乡之客，在"云海相望"的异乡寄居此身。"梦醒"句是说常常梦中惊醒，"诗成"句是说写诗多是为了抒发春愁。"万山"两句言湄潭时雨时晴，大家相聚试饮新茶，满室生香。"龙井"两句是问那陷入战火的龙井泉水是否安好，并言每每想起西湖，总是黯然神伤。

玉露初尝一盏新，争夸博士好精神。
顿教诗思清于水，更化愁怀和若春。
风味可能同往岁，品题何必待他人。

1　张志烈等主编：《苏轼全集校注》（河北人民出版社，2010）第五册，第3441页。

劝君莫起莼鲈感，三竺双湄亦比邻。

此诗也是江恒源所作，题为《第四次吟课同社诸君子多专以“咏试新茶”为题，亲切有味，自是正宗，余亦戏效颦，成此一律》。“玉露”属绿茶，“一盏新”犹言其新鲜。“博士”指刘淦芝。“顿教”两句言该茶有助益诗思、消解愁绪的功效。“风味”两句是说虽然此茶风味与往年可能相同，但品评、题咏自然由我辈中人来做。

魏晋时期，南方人张翰到北方做官，与同乡聊天时，见秋风刮起，就想起家乡的菰菜、莼羹和鲈鱼。在张氏看来，人生贵在怡然舒适，岂能被官位名爵束缚于千里之外，太不值当了，便辞官归乡。所谓“莼鲈之思”[1]即源于此。江恒源等人客居湄潭，自然思念家乡。“劝君”两句是劝慰大家暂息思乡之念，且在一杯茶中体味天涯若比邻的兴味。“三竺”指上天竺、中天竺和下天竺三座寺院，此处用来代指杭州。“双湄”指湄江水和湄江茶场。

江氏曾入云南，有诗记《滇黔道中》：“环抱滇池万叠山，云南风物似江南。桃花未落桐花发，到此刚逢三月三。”这与吴宓在日记中所记初入云南印象何其相似。但萦绕在江氏心头的愁绪，跟湄潭写茶诗时底色一致，这从他游滇南时所写《故乡》诗可知一二：“故乡也有好湖山，万顷波光接翠岚。一自江淮满胡骑，空教梦里唱万环。”[2]1939年农历三月初三为上巳节。这期间正是江

1 事见《晋书·张翰传》，原文为：“翰因见秋风起，乃思吴中菰菜、莼羹、鲈鱼脍，曰：‘人生贵得适志，何能羁宦数千里以要名爵乎！’遂命驾而归。”

2 以上两诗均见卢前主编《民族诗坛》（独立出版社，1939）第五辑。

庸等人唱和斗茶诗最热烈的时候。

祝文白：三碗随消渴肺尘

祝文白（1884—1968），字廉先，浙江衢江区人。在这次雅集中作了五首茶诗，题作《五月十六日集湄江饭店试新茶得“人”字》。

曾闻佳茗似佳人，更喜高僧不染尘。
秀撷辩才龙井好，寒斟惠远虎溪新。
赏真应识初回味，耐久还如古逸民。
睡起一瓯甘露似，时时香透隔生春。

“佳茗似佳人”是茶诗写作套话。就茶历史来说，茶与僧人的关系比较密切，历代都有精于品茶的高僧，如唐代皎然，以及“秀撷”两句中提到的辩才、惠远也是佛门名僧。清代诗人厉鹗《游龙井》诗开篇即说：“惠远住虎溪，辩才住龙井。”[1] 辩才本姓徐，10 岁出家，18 岁就学于天竺慈云师，25 岁赐号“辩才”。苏轼有多首诗赠之，如《赠上天竺辩才师》。苏辙亦作《龙井辩才法师塔碑》记其事迹。虎溪位于江西九江东林寺前，为晋代高僧惠远居处。佳人貌美，高僧有德，逸民乃是与世无争之人。祝氏以人喻茶，茶人合一，既有对茶诗写作传统的回应，也有对座中诸人的赞赏之意。

1　见《樊榭山房集》（上海古籍出版社，1992）第 182 页。

成箱包装茶叶，韩先霞供图

贵州湄潭茶园，洪漠如供图

火车站装茶，韩先霞供图

湄潭茶场历史产品展示，韩先霞供图

舌耕久旱不生津，检校茶经也快人。
老去参军怜渴吻，近来博士喜摇唇。
窗前山好诗俱好，涧底泉新火亦新。
佳境每从清苦得，芳甘原属岁寒身。

“舌耕”是说当老师讲话，常常口干舌燥。“茶经”可专指陆羽所写《茶经》，也可解作其他茶书典籍。“老去参军”典出宋代隐士潘阆。潘曾多次参与宋室政变，皆以败逃，后出任参军，有“皆疑渴杀老参军”之说。清代诗人厉鹗写龙井茶，有“老去参军多吻渴”[1]句，祝诗即从厉诗来。“博士”指刘淦芝。“窗前”句写眼前风物正宜作诗，适宜生火煮茶。泉新火新，茶自然不旧。“佳境”两句与“宝剑锋从磨砺出，梅花香自苦寒来”意思相同。“芳甘”句妙在切合茶性，陆羽说：“茶之为用，味至寒，为饮，最宜精行俭德之人。”[2]

岭南岭北接烟尘，幸有云山寄此身。
细品一杯龙凤饼，闲邀几辈乱离人。
琴中凉水声如沸，茗上春旂色转新。
斗酒不辞千日醉，斗茶清兴更无伦。

首联言大好河山，遍地硝烟，幸好人们还有一个居身之所。“细品”句是说还能喝到一杯好茶，“龙凤饼”代指当地出产的好茶。“乱离人”俱是背井离乡之人。“琴中”句写煮水声，“茗上”句写茶

1　见《樊榭山房集》（上海古籍出版社，1992）第1312页。
2　沈冬梅：《茶经校注》（中国农业出版社，2006）第2页。

叶像旗帜般在杯中展开。“斗酒”两句是说喝酒要喝“千日醉”（酒名），与喝茶兴致不能相提并论。该诗除了写茶外，最值得注意的是“闲邀几辈乱离人”这句，该句概括了战争年代湄潭迁客的共同形象，也是这些茶诗的共同底色。

莫笑年来老病身，依然无处不天真。
八叉偶得呕心句，三碗随消渴肺尘。
活水还须煎活火，劳薪慎勿饷劳人。
试茶亭上今何似，狐兔纵横长棘榛。

1943年，祝文白年近花甲，“莫笑”两句言自己虽年老病衰，但依然是性情中人。唐人温庭筠才思敏捷，叉手构思八叉即得八韵。祝文白反用其典，“八叉”句言自己写诗时呕心沥血才得数句，倒是喝几碗茶提神。实际上，他一人写了五首诗，的确才思过人。“活水”“活火”，都是前人提倡的煮茶标准。苏轼《汲江煎茶》开篇即说“活水还须活火烹，自临钓石取深情”[1]。“劳薪”，据《世说新语》记载，荀氏在晋武帝处吃饭，尝出做饭时用的柴火是旧车轮，这柴火即“劳薪”。陆羽提出的煮茶标准中，对用柴也是有讲究的。

昔年，茶圣陆羽居南京栖霞山采茶制茶，为写《茶经》积累素材。宋人敬仰陆羽，在其遗居处建造纪念亭，是谓“试茶亭”。清人厉鹗《试茶亭》诗云：“言寻白乳泉，皋卢未携至。不见试茶亭，空留试茶字。犹胜徐十郎，山前设茶肆。”[2]日本侵华，国民政府迁至重庆，浙江

1　张志烈等主编：《苏轼全集校注》（河北人民出版社，2010）第七册，第5116页。
2　见《樊榭山房集》（上海古籍出版社，1992）第1195页。

20世纪50年代，政府将接管易名后的民国中央实验茶场从义泉万寿宫迁移至此，建设了新的办公用房和制茶工厂，并专门在制茶工厂设立了红茶萎凋、初制和精制车间，其初制揉捻最先采用马为动力。后经不断创新、改进和提升，建成2组完整的红茶精制木质生产线，并于20世纪60年代东方红电站建成后增加安装了电动设备，从而改变原来以人畜为动力的状况，提高了制茶工效，并形成现在的规模和格局。
运输部门将原料茶运到制茶工厂进行精制加工
20世纪50年代建成的湄潭茶场制茶工厂原貌

湄潭茶场制茶工厂，韩先霞供图

湄潭桐茶试验场请求增拨谢家湾与老龙田水田图，韩先霞供图

湄潭展示制茶历史的博物馆，韩先霞供图

大学也历经数次迁校，才得以在贵州“安身”。“试茶亭上今何似”，即祖国大好河山沦陷，大片产茶区自然也在其中。“狐兔纵横长棘榛”，即狐狸在荆棘丛中追赶兔子。这两句是自问自答，读来颇有沉痛之感。

余甘风味剧清纯，曾向茗溪访隐沦。
谷雨芳辰挑紫笋，玉川高节伴灵均。
眼生鱼蟹和云搅，旗动龙蛇得水伸。
安得令晖供午碗，粲花妙舌不饶人。

这首诗多用典故。“茗溪”或为“苕溪”，指陆羽隐居地，亦是他接待友朋往来聚会论茶之地。“紫笋”指唐代贡茶紫笋茶，产于浙江湖州长兴县。采茶讲究时节。谷雨茶、明前茶，历代都用来指代好茶。“玉川”指唐人卢仝，号玉川子。“灵均”，或为“灵筠”，联系前一句中的“紫笋”，则“灵均”为“灵筠”，指竹子的可能性较大。“鱼蟹”形容沸水状态，前代茶诗形容煮水状态，多有鱼眼蟹眼之说。“旗动龙蛇”言茶叶形状——干茶经沸水冲泡之后，身躯舒展，似长在树梢时的旗枪状。“令晖”指春光美好，“粲花妙舌”夸众人诗写得好。

胡哲敷：玉川七碗倍生春

胡哲敷（生于1898年，卒年不详，安徽合肥人）所写《试新茶》共两首。诗云：

潇潇寒雨竞三春，先得龙牙信可珍。
活火名泉烹蟹眼，天香国色论佳人。
初尝清液心如醉，细嚼回甘气益醇。
何必琼酥方快意，良宵一例慰嘉宾。

龙井名茶何处真，武林峰锁翠云频。
忘忧不用求萱草，新绿曾经念故人。
清液一杯权当酒，玉川七碗倍生春。
河山锦绣今奚似，话到西湖泪满巾。

胡诗第一首提到“潇潇寒雨”，正是三春时节。“龙牙”即龙芽，茶名，也用来形容茶叶嫩芽。春雨贵如油，适宜的雨水有利于茶叶发芽生长。“活水”句写水沸状态。“佳人”犹佳茗，苏轼说“从来佳茗似佳人”。“初尝”两句写品茶感受，“初尝”“细嚼”是说品茶过程，回甘醇厚之说，真实可信。“何必”两句，言获得快意不必喝酒，茶也能慰藉宾客。“琼酥”，即琼苏，酒名。

胡诗第二首“龙井”两句写真正的龙井茶出自西湖。是诗以“武林”代称西湖。“萱草”别称忘忧草。“新绿”，或指酒。唐人白居易有诗云：“绿蚁新醅酒，红泥小火炉。晚来天欲雪，能饮一杯无？”[1]常在一起喝酒者可称“故人”。“清液”句即以茶当酒。“玉川”句用卢仝《七碗茶歌》中的典故，春天喝春茶，自然好感加倍。“河山”两句是说，锦绣河山如今遭到侵略者践踏，每念及此，泪流满襟。胡哲敷由喝湄潭茶想到杭州龙井茶，进而抒发家国之思，深得旧体诗抒情精髓。

王琎：许分清品胜龙井

王琎（1888—1966），字季梁，浙江黄岩人。1915年，他与留美学生一同发起成立中国科学社，并参与创办《科学杂志》。他是董事，也是编辑部主任。华罗庚初出茅庐，得王氏赏识，转介给后来的云南大学校长熊庆来。王诗题为《试新茶得人字》。

刘郎河洛豪爽人，买山种茶湄水滨。

1　见顾学颉校点：《白居易集》（中华书局，1999）第343页。

才高更复嗜文艺，欲为诗社款诗神。
许分清品胜龙井，一盏定叫四壁春。
钱公喜极急折柬[1]，净扫小阁无纤尘。
大铛小碗尽罗列，呼僮汲水燃炉薪。
寒泉才沸泻碧玉，一瓯泛绿流芳茵。
浮杯已觉风生肘，引盏更若云随身。
岂必武夷生九曲，且效北苑来三巡。
饮罢文思得神助，满座诗意咸葯葯。
嗟予本是天台客，石梁采茗时经旬。
名山一别隔烟海，东南怅望迷天垠。
安得乘风返乡国，竹窗一几话松筠。

“刘郎”，指刘淦芝，河南商城人。“河洛”指黄河与洛河，言刘氏籍贯，也指其家乡文化底蕴深厚。“豪爽”，言刘氏性情。刘淦芝初到贵州任茶场场长，就力排众议在山上垦植500公顷茶园，以供研究之用。王诗说刘湄江边买山种茶确是实情。“才高”两句言刘不仅有才干，也有饮茶作诗之文艺精神。“诗神”云云，是对众人的赞誉。“许分”两句是说这新茶比龙井还好，好到什么程度呢？“一盏定叫四壁春”。“钱公”两句是说钱宝琮拆柬状态，雅集场所纤尘不染，显然是主人精心洒扫过的。“大铛”两句描写茶具和准备茶水的情景。“寒泉”两句写用沸水泡茶的情景，“浮杯”两句写饮茶感受，“风生肘、云随身”自是借用了前人说法。“岂必”两句言产茶名山武夷山和宋代贡茶产地北苑。“饮罢”两句是说茶

1　《贵州省湄潭县文史资料》第3辑作“东”字，不通，当为“柬”。刘淦芝是此次雅集召集人和东道主，驰柬邀请众人来喝茶才合礼数。且繁体“東”与“柬”形似，可能是排印之误。

助文思，联系当时的情景来看，自是助益诗才。“嗟予”两句言及石梁采茶情况。“名山”两句犹言离开家乡，漂泊他乡，自此隔海东南望，心情很惆怅。“安得”两句是说如果哪天“我”返回家乡，一定要好好说说这些年的经历。“松筠”，本指松叶、竹子，这里指代本次雅集的内容。

钱宝琮：气消风生满城春

钱宝琮（1892—1974），字琢如，浙江嘉兴人，数学史家。其诗题作《试新茶分“人”字》。

诗送落英眉未伸，玉川畅饮便骄人。
乳花泛绿香初散，谏果回甘味最真。
旧雨来时虚室白，气清风生满城春。
漫夸越客揉焙法，话到西湖总怆神。

“诗送”两句言为了写诗眉头不展，哪及卢仝写《七碗茶歌》那样痛快。“乳花”两句言茶汤的香气和口感，夸赞新茶味最真。“谏果”即橄榄果，吃橄榄的过程，颇似饮茶，越嚼越有味，越品越得神。“旧雨”两句将“镜头”拉到更大的空间，妙在“满城春”三字，既言雨后空气清新，又言茶香满溢。前人张载曾有诗云：“芳茶冠六清，溢味播九区。”“虚室白”即“虚室生白”[1]省语，出自

1 原文为：“瞻彼阕者，虚室生白，吉祥止止。”

《庄子》，字面意思是阳光洒满房间。下雨时节，一般伴随电闪雷鸣，闪电透窗而来的瞬间，也会照亮整个房间。“漫夸”两句言看到这里的人用越人所创方法来制茶，就会想起西湖，心情郁郁。

张鸿谟：不负茶经称博士

张鸿谟，江苏泗阳（今属宿迁市）人，时亦在浙江大学任教，兼农场技士。其诗题为《试新茶》。

小集湄滨试茗新，争将健笔为传神。
露香幽寂常留舌，花乳轻圆每滞唇。
不负茶经称博士，更怜玉局拟佳人。
来年若返杭州去，方识龙泓自有真。

“小集”两句写大家在湄水边聚集，喝新茶，争赋诗。“露香”两句写茶香留舌，茶沫滞唇。“不负”两句用到“博士”“佳人”字眼，说人也说茶，说茶也说人。《茶经》为茶学名著，茶博士古来有之，东道主刘淦芝是留美博士，这里有一语双关之妙。东坡别号“玉局翁”，有写茶名句“从来佳茗似佳人”。回到“玉局”本意来看，“玉局”也有雅集意，众人试茶斗诗，恰如弈局斗棋。[1] 众人齐聚试茶，行的也是苏东坡“茶比佳人”一般事，即作诗。“龙泓”，又名龙井，以泉名，龙井之上为老龙井，产茶。“来年”两句言期待返回杭州

1 杜甫《存殁口号二首》第一首云：“席谦不见近弹棋，毕曜仍传旧小诗。玉局他年无限笑，白杨今日几人悲。”诗中“玉局”，代指弈棋。

才能喝到真正的龙井茶。与参加雅集的其他人一样，异乡人挥之不去的身份焦虑恰是那个时代知识分子的心声。

苏步青：鬓丝几缕未归人

苏步青（1902—2003），原名苏尚龙，浙江平阳人，院士，数学家。其诗题为《试新茶分“人”字》，有三首。

客中何处可相亲，碧瓦楼台绿水滨。
玉碗新承龙井露，冰瓷初泛武夷春。
皱漪雪浪纤纤叶，亏月云团细细尘。
最是轻烟悠扬里，鬓丝几缕未归人。

首联写雅集环境乃是湄水之滨，有碧瓦楼台。“玉碗”“冰瓷”皆指茶具，联系上文刘淦芝诗所写情景，未必实指。“龙井露”指水，“武夷春”指茶。“纤纤叶”写杯中茶叶形状，“细细尘”写茶汤状态，并将其与宋代名茶“云团”作比。“最是”两句落脚点是众人的共同身份：异乡人。

翠色清香味可亲，谁家栽傍碧江滨。
摘来和露芽方嫩，焙后因风室尽春。
当酒一瓯家万里，偷闲半日尘无尘。
荷亭逭暑堪留客，何必寻僧学雅人。

首联写茶场景色。“摘来”自然采的是嫩芽。前人认为趁露适宜采茶。“焙后”句言茶叶经过加工后，满室生香。“当酒”两句言在万里之外的异乡以茶当酒，偷闲半日。“荷亭”两句言在这荷亭中就可以避暑，又何必到深山寻僧谈茗充当雅人。

祁门龙井渺难亲，品茗强宽湄水滨。
乳雾看凝金掌露，冰心好试玉壶春。
苦余犹得清中味，香细了无佛室尘。
输与绮窗消永昼，落花庭院酒醒人。

祁门以产祁红著称，杭州以产龙井闻名。首联言囿于条件，祁门、龙井都无法尝到，只能喝喝湄潭当地所产之茶。“乳雾”，宋徽宗《大观茶论》描述点茶：“乳雾汹涌，溢盏而起，周回凝而不动，谓之咬盏，宜均其轻清浮合者饮之。”[1]此为虚写。唐人王昌龄诗云：“洛阳亲友如相问，一片冰心在玉壶”。苏诗“冰心”句由王诗而来。“苦余”两句言茶苦后回甘，香气让人忘却尘世的烦恼。“输与”两句说本想以茶相伴，打发时间，但酒醒后见到院内落花，还是要面对现实。总体来说，虽然饮茶能够让人偷闲片刻，但现实的处境时时涌上心头。苏步青是次雅集所写词也表达了同样情愫。

山县寂寥春已半，南郊茶室偏幽。
一瓯绿泛细烟浮。清香逾玉露，逸韵记杭州。
几日行云何处去，垂柳堪系归舟。

1　见《中国古代茶书集成》（上海文化出版社，2010）第126页。

天涯底事苦淹留。草青江山路，人老海西头。（《临江仙》）

抗战期间，苏步青与妻子松本米子居住在湄潭县城南关朝贺寺。是词上阕写身在湄潭茶场喝茶，尽管“清香逾玉露”，到底记挂的还是杭州。下阕同样寄望终老“海西头”。杭州在东海之西，当然可以说是海西头了。

第四次雅集以“试新茶”为题集中写茶，其他几次雅集也有茶诗。第一次雅集以朱熹“无边风景一时新”为韵，江恒源写了七首，第四首云：“沿堤踏遍绿杨影，归来约客煮香茗。”言散步归，聚友朋，饮茶消愁。祝文白另一首诗云：“催花雨细如酥润，泼乳茶香带露浓。”第二次雅集在春分时节，祝诗云：“何日重碾龙井芽，故山亲汲虎跑泉。”第七次雅集，刘淦芝诗云：“自栽雨里茶千树，谁识人间楚一囚。”

1943 年 6 月 13 日，湄江吟社举行第六次雅集，是次题咏对象为湄江“茶场八景”：隔江挹翠、虹桥夕照、倚桐待月、柳阴垂钓、竹坞听泉、紫薇山馆、杉树午阴、莲台柳浪。相对明清时期的“湄潭八景”[1]，“茶场八景”为新八景，由这群教授命名并题咏，并加入茶这个新元素。

仿佛江南是画桥，绿杨低处坐吹箫。

1　明清时期的“湄潭八景”为：虚阁暮烟、朝阳古洞、玉山风起、寒潭映月、泽溪兰吹、释慈晓钟、水源洞天、后溪鱼影。“湄潭八景”亦有相关题咏，如清人李延瑛的“高阁凌虚忆昔年，苍苍暮色锁寒烟”等等，是文人参与创造和传播地方文化的例证之一。

远山漠漠云疑树，曲涧淙淙水似潮。
夹岸新蒲迷药径，绕垣古木护茶寮。
夕阳影里扶栏立，鸦背飞霞极目遥。

此诗题为《虹桥夕照》，作者王季梁，“茶寮”句写茶。

山篱短短径斜斜，别馆三间树半遮。
侵坐绿阴清鸟语，隔江红日到林花。
云开峦影参差见，雨歇滩声次第加。
留客情怀终不俗，茶烟细透碧帘纱。

此诗题为《紫薇山馆》，作者苏步青。“茶烟”这句值得注意。江恒源写过一首同题诗，同样涉及“茶烟”：“茶烟袅袅日将暮，又听农歌到耳旁。”“茶烟”是茶诗写作中的常用意象。本来茶叶易吸味，不宜与烟浸染，但历代茶诗多有言及“茶烟”者，如刘禹锡说“茶至茶烟起”，刘克庄说“茶烟起庖厨”，郑巢说“茶烟开瓦雪”，元好问说“禅榻茶烟岁月闲”，袁嘉谷说“茶烟半席话丹青”，等等。相对于茶的“实”来说，烟则是一种虚无缥缈、无形无迹的“虚”，虚实之间，与自然山水天然绝配，或如钱宝琮所说：“画境诗心此浑涵，烟云供养独无渐。”道家吞气以求长生，欣赏山水（画）有怡情之效，正确饮茶也有利于人体健康。烟云供养，画境诗心，对国人来说，一生所求大略如是。

自抗战以来，云贵川成了大后方。昆明有西南联大，乐山有武汉大学。浙江大学在贵州前后七年，其下属理学院、农学院及师范学院理科各系都驻扎在湄潭。这里地理环境优越，湄江环流其东、北、西三面，与城南的湄溪河汇流，向西南流去。江上有湄江桥、湄水桥和七星桥供人通行。县城中山路繁华依旧，酒馆及杂货店都分布在十字街口。浙江大学的学生平时主要在学校食堂就餐，也可以在街上买到鸡蛋、板栗、核桃、瓜子等食品。1942 年 6 月，浙江大学学生交伙食费 14 元，可食中、晚两餐，每六人享用四菜一汤。是年下半年，由于通货膨胀，货币贬值，生活水平才日益下降。

浙江大学与西南联大一样实行学分制，修满规定学分才能毕业。日常着装方面，男生在夏季一般穿蓝色西裤配白色衬衫，在冬天则为棉袍配围巾。当时女生不及百数，或做工装打扮，或着蓝布旗袍。如同西南联大学生的着装影响县城的风尚般，湄潭当地年轻女子也会效仿穿着这种学生装。浙江大学湄潭分校的学生跟昆明的西南联大学生一样，多数做作业，算习题，坐茶馆闻听各种信息："茶客对话中信息特灵，国事、校事、地方新闻，无所不谈。"[1]

1　唐广荪：《浙大分部在湄潭》，载《浙江大学在遵义》（浙江大学出版社，1990）第 646—648 页。

煮茗图：漫尝世味试新茶

1935年4月8日，陈衍八十初度。各地学人咸集吴门胭脂桥为其祝寿，来宾包括章太炎、李根源、李宣龚、夏敬观、冒广生等百余人。无锡国专学生彭鹤濂是活动见证人。因陈衍介绍，彭与李、冒相识，进入这个沪上诗友圈。

民国年间友朋往来，题画诗[1]依旧屡见不鲜。与前代题画诗依赖单一媒介不同，彼时报刊风行，题画诗常在其上发表。彭鹤濂曾请人绘制《红茶山房煮茗图》，部分题诗散见于1942年创办的《中国诗刊》。

彭鹤濂嗜茶，居上海金山，命其室名为“红茶山房”。彭鹤濂应该很喜欢这个名字，诗集中多有提及，如《秋夜宿红茶山房》《松

1　狭义题画诗是指直接题写在画幅上的诗，广义题画诗则包括与画相关的诗词曲赋。明清传世画作不乏题画茶诗。这类诗有几种：其一，画家自题；其二，画家或画作主人请人题；其三，后人在前人画作上，或以前人画作内容为题作诗。当然，不是所有的题画诗都要题写在画上。

亭过访红茶山房有诗见示次韵奉和》，等等。煮茗图即以“红茶山房”为背景绘制而成。

不图三泖外，乃有四灵时。
遮莫知刘备，行当说项斯。
风流能尽得，文藻又何须。
想见春江上，苍茫独立时。

上诗作者林瓛桢号霜杰，系林则徐曾孙，李宣龚表叔。“三泖”即上泖、中泖、下泖，亦称圆泖、大泖和长泖，位于上海。“九峰三泖”[1]已成为旧体诗创作固定用语，承载了诗人眼中的地域史，也是煮茗图所依凭的历史地理大背景。诗中“项斯”系晚唐诗人，颇得时人杨敬之欣赏。此处代指彭鹤濂。“春江独立”描述的正是诗人形象。

彭鹤濂：松枝瓦罐自烹茶

彭鹤濂（1914—1996），原名彭天龙，字鹤濂，号松庵。17岁始学诗，曾求学于无锡国专，一生职业大多与学校或图书馆相关。师友及同学，多具备作诗才能。彭氏《自题红茶山房煮茗图》诗云：

清阴一碧此山家，风袅轻烟日影斜。

1　江庸自蜀还沪后，诗中涉及的佘山（《佘山半山楼》）、凤凰山（《凤凰山下》）便属于“九峰”。详见《江庸诗选》（中央文献出版社，2001）。

“煮石”茶壶

茶空间一角

春暖花开

壶承

流水小桥无客到，松枝瓦罐自烹茶。[1]

彭诗说傍晚时分，风烟袅袅，山房掩映在树荫之下，以松枝作薪，瓦罐为器，煮茶自饮。此诗前两句用明人陆树声的话来说就是："客至，则茶烟隐隐起竹外。"如果没有访客，便是陈诗所说"流水小桥无客到，松枝瓦罐自烹茶"。对爱茶人来说，有客没客，这茶始终要喝。山居、落日、烟火、小桥、流水、清阴、松枝、瓦罐等风物均属平常，有扑面而来的熟悉感。明人文徵明有首题画诗正好与彭诗相印证。

碧山深处绝纤埃，面面轩窗对水开。
谷雨乍过茶事好，鼎汤初沸有朋来。[2]

彭诗说"无客到"，文诗说"有朋来"，这有无之间，存在着中国文人品茶的多重心境。茶可以独啜，亦可众饮。品茶不同于喝酒，以人多为胜，以热闹为胜。按明人说法，品茶"一人得神，两人得趣，三人得味"。所谓"有朋来"不过一二人而已。文徵明是诗、书、画样样精通的大师，自画自题。彭鹤濂请他人绘制这幅煮茗图，并遍请圈中诗友题咏。据 1942 年发表的题咏诗来看，为彭题诗者至少包括如下诸人：李宣龚、李宣倜、陈夔龙、林黻桢、陈道量、江古怀、王毅存、陈逸勤、江亢虎、周达。[3]

1 彭鹤濂：《棕槐室诗》（上海社会科学院出版社，2013）第 30 页。
2 见《文徵明集（增订本）》（上海古籍出版社，2014）第 1069 页。
3 上述诸人为彭鹤濂所作题画诗，均见《中国诗刊》（1942）第二、三卷。

李宣龚：君诗非为饮茶清

李宣龚（1876—1953），字拔可，晚号墨巢。福建人。李是彭鹤濂生命里的贵人，在作诗上给他以指点鼓励，又尽量开拓其诗友圈。他为彭鹤濂所题两诗均收入《李宣龚诗文集》。

君诗非为饮茶清，水厄生涯见性情。
蟹眼羊肠工比拟，一瓯坡谷各争鸣。

橹声帆影报花开，华表人归鹤亦来。
韵事只除天上有，阄诗赌茗傍妆台。

李诗用典较多。“水厄”用王濛典故。爱茶人和爱酒人，各有性情，自然不同。“坡谷”指苏轼（字东坡）和黄庭坚（字山谷）。苏氏写茶，云“蟹眼已过鱼眼生，飕飕欲作松风鸣”[1]；黄氏写茶，云“曲几团蒲听煮汤，煎成车声绕羊肠”[2]。李诗“坡谷争鸣”有两层意思：其一，指苏、黄两人所写茶诗；其二，指饮茶者知晓这两个典故，享有知识上的愉悦感。李诗第二首“橹声帆影”既指实景，也指彭氏所居的“橹声帆影楼”，此楼附近植有花木。“华表”句用丁令威学仙化鹤归来典故，可能与彭氏号“鹤濂”有关。“阄诗赌茗”用宋代李清照与其夫赵明诚赌书泼茗的典故。

1942年，经李宣龚介绍，彭鹤濂结识隐居沪上的前清显宦陈夔

1　张志烈等主编：《苏轼全集校注》（河北人民出版社，2010）第二册，第734页。
2　刘尚荣校点：《黄庭坚诗集注》（中华书局，2003）第一册，第99页。

滇红茶（松针）

红茶叶底

红山茶，摄于 2019 年

泡开的红茶叶底

龙（1857—1948，字筱石，号庸庵，贵州人）。陈有诗名，刊有《花近楼诗存》，并著有《梦蕉亭杂记》。时年85岁的陈夔龙为彭题诗两首。

那能消渴病相如，卓午晴栏梦醒初。
可似卢仝三碗后，风生两腋故徐徐。

碧螺春好是江南，第二泉烹舌本甘。
领得此中清趣味，何须斗酒佐黄柑。

“那能”两句是说午睡清醒后，如何解决口渴的问题。“病相如”用司马相如患消渴疾事。“卓午”，正午。唐人卢仝《七碗茶歌》写饮茶感受，云“唯觉两腋习习清风生”，陈诗“可似”两句即本此。碧螺春是中国名茶，核心产区在苏州太湖东西山半岛。陆羽、张又新品评天下泉水，都将无锡惠山泉列作第二。“黄柑”，酒名。蜀中亦产黄柑，为水果，马一浮有诗咏之：“蜀中黄柑大如斗，儿童见之绕树走。秦州崖蜜不可求，剖取霜皮看在手。”[1]

陈道量：花事茗事两清绝

陈道量（1898—1970），字企白，又作器伯，号寥士，学者，诗人。从彭鹤濂诗集存诗来看，两人往来频繁。陈早年诗作刊登在陈主编

1　马一浮：《黄柑行》，载《马一浮全集》（浙江古籍出版社，2013）第三册（上），第95页。

的《国艺月刊》上。他为《红茶山房煮茗图》所写之诗，诗体亦不同于他人，为七言六句古体诗，如李白《金陵酒肆留别》。

茗瓯滃碧山茶红，花前煮茗尘虑空。
花事茗事两清绝，高吟岂必穷而工。
茶能破睡花解语，一房凉月生于东。

此诗言在山茶花前煮茶，杯中茶汤如春水绿波，摇曳生姿。茶有提神之效，花有解语之功。当明月从屋角升起时，正好吟诗。这些都是美妙之极的事。“花事茗事两清绝”说得可谓确当。

李宣倜（1876—1961），字释戡，号苏堂。李与梅兰芳交谊深厚，与江庸也是诗友。李宣龚、李宣倜又是堂兄弟。可能由于李宣龚的关系，李宣倜也有题诗。

检点枪旗领异香，自家冷暖费平章。
花枝红间茶烟白，尽是山房两景光。

“枪旗”用来指代芽叶。据《宣和北苑贡茶录》记载：“一芽带一叶者，号一枪一旗。”[1] 明人文徵明《煎茶》云：“老去卢仝兴味长，风檐自试雨前枪。”[2] 枪旗亦作旗枪。清人袁枚《谢南浦太守赠芙蓉衫雨前茶叶》云：“四银瓶锁碧云英，谷雨旗枪最有名。”[3]“山

1 见《中国古代茶书集成》（上海文化出版社，2010）第 135 页。
2 见《文徵明集（增订本）》（上海古籍出版社，2014）第 995 页。
3 见《小仓山房诗集》（谢氏梅花诗屋，1851）第二十三卷。

红茶汤色

山茶瓶花

1942 年《中国诗刊》第三卷封面，该卷出版于 1942 年 12 月 10 日

房两景光”，即红花与茶。李诗所说，被陈道量概括为“花事茗事两清绝”，显豁高扬。

江古怀：好收诗景入壶瓯

江古怀（1880—1958），字伯修，晚号却痁。诗人、书法家、法学家，著有《却痁楼诗抄》。江跟陈衍、李宣龚、李宣倜是福建老乡，为《红茶山房煮茗图》写过两首诗。

一圆月独印诗心，自有山房诗更清。
晓汲中冷扇纯火，终朝鼎沸杂吟声。

山房吟罢倚江楼，料有茶香舌本留。
帆影橹声无际水，好收诗景入壶瓯。

江诗中的“中冷”为泉水名，此处非实指，意在突出主人煮茶用水之讲究。“终朝”句言煮茶声和读书声并存，意在讲主人闲适生活之情态。红茶山房地近杭州湾，倚楼看江影，再方便不过。陆游《晚兴》诗云：“客散茶甘留舌本。”[1]“茶香”“茶甘”，皆属品饮感受。在江楼上看帆影，听橹声，收诗景，顺理成章。

1 《剑南诗稿校注》（浙江古籍出版社，2016）第八册，第221页。

王毅存：漫拟通灵老玉川

王毅存，字文甫，松江人，著有《横云山馆诗存》。“横云山馆”之名源自当地名山横云山，此山又名“横山”，或称“扁担山”。松江王氏是当地名门望族，也是书香世家。王毅存辑录先人诗作，编成两卷本《云间王氏诗钞》，并将自己所作《横云山馆诗存》附录其中，可谓不负祖先了。彭鹤濂的同乡，也是南社发起人之一的高吹万为之作序。

王毅存自小喜欢诵李白、杜甫、苏轼、陆游诗，作诗多少有受这些人影响的痕迹，他中年客游京城，虽擅长作诗，却不屑以诗博名，同邑沈其光评价其诗“清醇雅则”，蒋香农评其诗“沉思独往，澹而弥旨，如雨过秋山，郁然深秀”，陈道量在《单云阁诗话》中录下蒋氏意见，认为并非溢美之词[1]。1946 年 8 月 27 日，黄炎培收到王氏《横云山馆诗存》，也觉得诗写得颇好，回赠《天长集》[2]。王毅存为《红茶山房煮茗图》作诗两首。

独坐山斋倦欲眠，紫琳腴好瀹甘泉。
一瓯具备色香味，极目惟余云水天。

宿醉醒时春画水，新诗题罢月光圆。
白花阳美何难致，漫拟通灵老玉川。

1　见《单云阁诗话》，载《校辑近代诗话九种》（上海古籍出版社，2013）第 340—341 页。

2　见《黄炎培日记》（华文出版社，2008）第 9 卷，第 180 页。

茶有提神醒脑功效，“倦欲眠”的解决方法就是汲水煮茶。“紫琳腴”为茶名。黄庭坚诗云：“喜公新赐紫琳腴，上清虚皇对久如。”[1]“一瓯”句极言此茶色、香、味兼备。“云水天”即水天一色，为眼前景。“阳羡”指阳羡茶，该茶是唐代贡茶，产自浙江长兴县。“老玉川”用卢仝《七碗茶歌》典故。

陈逸琴：一杯浓味在书香

陈逸琴，字益勤，生卒年不详，其人其事待考。他为《红茶山房煮茗图》写过两首诗，发表于 1942 年出版的《中国诗刊》。

先生遁迹此山房，冷眼偷看热闹场。
自劈野荆烹紫腴，一杯浓味在书香。

长日无聊只读诗，恰当茶熟梦回时。
翩翩一只云间鹤，不病苍生却病痴。

“先生”两句说彭鹤濂隐居红茶山房，冷眼看世情。“紫腴”即“紫云腴”省称，茶名。陆游《昼卧闻碾茶》诗云：“小醉初消日未晡，幽窗催破紫云腴。”[2]“一杯”句言喝茶读书，茶香、书香，互有增益。第二首言彭氏就像一只翩翩起舞的仙鹤，乃是痴人一个。“翩翩”

1 刘尚荣校点：《黄庭坚诗集注》（中华书局，2003）第一册，第 221 页。
2 《剑南诗稿校注》（浙江古籍出版社，2016）第二册，第 277 页。

句属于借句："翩然一只云间鹤，飞去飞来宰相衙。"[1]旧时用来讽刺那些进出高门府第的隐士。彭鹤濂一生供职于教育界或图书馆，与高门府第无涉。陈诗说他"痴"，大约是指彭嗜茶爱诗。

周达：卧听松风细细鸣

周达（1878—1948），字梅泉，号今觉，安徽人。周是数学家，33 岁始学诗，有《今觉庵诗选》传世。周达交游颇广，与陈三立、陈病树、曹经沅、傅增湘、李宣龚、李宣倜、李木公、冒广生、冒效鲁、冼玉清、袁伯揆等皆有诗交。从这个诗友圈来看，彭鹤濂极有可能是通过李宣龚认识周达的。周为彭题诗两首，题为《鹤濂仁兄嘱题红茶山房煮茗图》。

虚堂晏坐尘尘绝，花可留人茶可啜。
心清空际闻妙香，花香茶香两无别。

鬓丝禅榻足闲情，卧听松风细细鸣。
名泉不用调符取，自汲深江入夜瓶。

"虚堂"，犹言红茶山房。陆游《虚堂》诗云："暑气虚堂一点无，爽如秋露贮冰壶。"[2]《夜坐》又云："虚堂夜无寐，顾影叹冷孱。"[3]

1 见易宗夔：《新世说》（山西古籍出版社，1997）第 408 页。
2 《剑南诗稿校注》（浙江古籍出版社，2016）第二册，第 336 页。
3 《剑南诗稿校注》（浙江古籍出版社，2016）第二册，第 394 页。

茶香花香或相似，或相别，诗人说“两无别”，关键在于闻香时机——“心清空际”。“鬓丝”，鬓发如丝，古人蓄长发，故言。“禅榻”，本义指僧床，后语义范围扩大，指过着老僧般的生活。“鬓丝禅榻”为茶诗常用语，如“今日鬓丝禅榻畔，茶烟轻飏落花风”（杜牧《题禅院》）等句。“鬓丝”两句写闲适之情。“名泉”句，用明人文徵明取泉典故。文氏为防取水者作弊，提前将信物送给住在水源地附近的山僧，取水者需将信物同时取回，才算取水成功。苏轼《汲江煎茶》诗云：“大瓢贮月归春瓮，小勺分江入夜瓶。”[1] 按照陆羽用水标准：山水上，江水中，井水下。红茶山房地近滨江，取水便利。

周达《今觉庵诗选》[2] 收诗截至 1942 年。题为《彭鹤濂求题红茶山房煮茗图》者，凡六首。编集者将六首诗并作一段。综观这六首诗，可能写于同一时期，只挑选两首发表；也可能是先写了两首，后来再扩写为六首。《今觉庵诗选》所收诗，有两首跟上述两首有关，其中一首将“鬓丝”“卧听”两句换成“羡君”“三泖”两句，使其成为一首新诗。

羡君专壑如专城，三泖波光绕屋明。
名泉不用调符取，自汲深江入夜瓶。

“名泉”两句见前解。“羡君”句是说彭氏独占山房，自娱自乐。“三泖”句言光景环屋陈列。以“山房”开头的一首改动较小，全诗如下：

1　张志烈等主编：《苏轼全集校注》（河北人民出版社，2010）第七册，第 5116 页。
2　该本《今觉庵诗选》载《安徽东至周氏近代诗选》第四分册。

山房晏坐清无滓，石鼎安排着花底。
阶墀积叶足添薪，茶烟袅入松风里。

“山房”句，言闲坐山房，心无杂念。“石鼎”，煮茶用具，此句言花下煮茶。“阶墀”句，言以积叶为柴火。茶诗中多有讨论用什么柴火煮茶，如“扫叶煎茶摘叶书”，常用者有松叶、竹叶等。就柴火论柴火，这些未必最佳，但松、竹有象征意义，很对文人味口。“茶烟”句写得好，表面平平无奇，却极富动感和想象力。

收录于《今觉庵诗选》另外四首题咏诗[1]如下：

建溪绝品休论钱，双井名借涪皤传。
烹新斗硬雅人致，慎勿轻付姜盐煎。

“建溪”句言顶级建茶无法用钱来衡量。蔡襄研制出小龙团茶，数量稀少，堪比黄金。“双井”，即双井茶，产于江西，宋代诗人黄庭坚多有诗咏之。涪翁本是前人称号。黄山谷谪黄州别驾，亦以自称，或云涪皤。“烹新”句，说的是文人雅士之间的斗茶活动，斗茶耗时而精巧，富于技艺性，有讲究。“慎勿”句是说，不要将茶与姜、盐放在一起煎煮。历史上确有这种饮茶法，后来品味发生改变，又视将姜盐入茶为畏途。

兔毫紫盏自斟酌，浮出粟花疑可嚼。

1　周达这六首诗均收录于《今觉庵诗选》，载《安徽东至周氏近代诗选》第四分册。

漫潮北俗土和麻，竟效夷风糖点酪。

“兔毫”“浮出”两句写宋代点茶法。宋代用盏以兔毫盏为上，其时斗茶，一斗花色，二斗水痕，需人、茶、水、具配合才能呈现最佳效果。“漫潮”句，言北方饮茶风俗不同。“竟效”句，指往茶里加糖和牛奶，这是英国人饮用红茶的常规方法。

回甘味与谏果齐，只愁难疗诗肠饥。
腐儒十饭九不肉，一瓯入腹鸣呀咿。

“回甘”句，言喝茶如同咀嚼橄榄果，越嚼越有味。茶助文思，诗添茶趣，“只愁”句却说难疗“诗肠”饥饿。“腐儒”，穷酸文人。梅尧臣诗云：“诗肠久饥不禁力，一啜入腹鸣咿哇。”[1] 本来就没吃饱，再喝茶肚子自然咕咕叫。

头纲曾作天家供，蜀荈赵芽今罢贡。
相如赋好渴难医，金茎频入秋衾梦。

“头纲”句言贡茶专供皇室。“蜀荈赵芽”泛指历史上各地贡茶随着朝代更迭，风流云散。“金茎”即铜柱，用以支撑收集露水的铜盘。杜甫《秋兴八首》第五首云：“蓬莱高阙对南山，承露金茎霄汉间。”[2] 李商隐《汉宫词》云：“侍臣最有相如渴，不赐金茎露一杯。”[3] 前人尝以甘露比茶。

1 《梅尧臣集编年校注》（上海古籍出版社，1980）第 1009 页。
2 仇兆鳌注：《杜诗详注》（中华书局，2015）第 1229 页。
3 冯浩笺注：《玉溪生诗集笺注》（上海古籍出版社，1979）第 343 页。

滇红品种凤七号，赵绍桥供图

碧山深處絕塵埃面面軒窗對水開穀雨乍過
茶事好鼎湯初沸有朋來
壽堂兄正戊戌九月志超寫

李志超绘茶画，图上题诗即文徵明《品茶图》诗，支离子收藏并供图

朱子鹤：吟诗读画一杯茶

《红茶山房煮茗图》系沪上名家夏敬观所绘，题耑者是谭泽闿，彭鹤濂自来珍视。遗憾的是，该画作于20世纪六七十年代遗失。彭氏晚年闲居金山，请画家朱子鹤、钱定一补绘此图，题耑者为章草大家王蘧常、书法名家苏局仙。王毕业于无锡国专，又曾在该校任教，算是彭鹤濂的大师兄兼老师。

总体上，为前后两幅煮茗图题咏者大致分为三类：其一，国专校友圈人士，包括与之相关的诗友圈人士；其二，上海当地前辈诗人圈人士；其三，与上海文史馆相关的诗友圈人士，包括相关诗社成员；其四，20世纪八九十年代成立的各类诗社社员。彭鹤濂与题咏者的交往线索就隐藏于《棕槐室诗》。从年龄来看，部分诗人跟彭鹤濂同庚或略小几岁，也有年辈比他高许多之人。

张鼂生出生于1914年，字孟玄，福建福州人，逸仙诗社副社长。1999年，张氏主编《闽中近代名家诗选》，辑录负有声望之闽中诗人诗作737首。梁章钜、沈葆桢、陈宝琛、林纾、陈衍、李宣龚、李宣倜、江庸等人全部在列。张氏于该年12月10日写完该书前言，时年85岁。张鼂生所作《题彭鹤濂〈红茶山房煮茗图〉》共四首。费在山从复印件上抄录了两首。笔者从张鼂生《梅庵诗草续集选》[1]中找到一首，共三首，全录如下：

1　张鼂生《梅庵诗草续集选》载《耆献集》（海峡文艺出版社，1995）第121—148页。

板桥流水觅君家，草色青青小径斜。
闻道先生方啸罢，松风帆影一炉茶。

山边明月水边家，细听瓶笙竹影斜。
为问丹青能写否，诗情渗有几分茶。

半山红树外人家，递出吟声香篆斜。
窥见把瓯微笑起，知君得句隽于茶。

题画诗写好后，张氏四选二，将“板桥”“山边”两首赠给彭鹤濂，可能在他看来，这两首是四首中的较优者。在《梅庵诗草续集选》中，张氏选录了“板桥”一首，且把第三句改为“似听先生晨啸罢”，选录的第二首即“半山”一诗。三首诗都是从外部环境开始写，再写事、情、人。第一首“松风帆影一炉茶”所见即所得。第二首“诗情渗有几分茶”讨论茶与诗的关系。第三首“知君得句隽于茶”指诗味比茶味隽永。

钱定一生于1915年，比彭鹤濂小一岁。钱诗云：“无分主客到山家，睡起诗人日未斜。昨夜前溪春涉足，一泓新水试新茶。”春水新茶，颇具画面感。毛大风生于1916年，比彭小两岁，作《奉和鹤濂乡兄煮茶诗》两首。其一云：“夜读诗书朝煮茶，生涯淡薄欲餐霞。诗家酬唱遍南北，韵事骚坛事可夸。”言陈鹤濂诗名远播。“泖北金山汝有家，泖南旧宅我莳花。几回旋里谋趋访，顿足徒呼出无车。”[1]首叙乡谊，次写囿于条件无法登门拜访。朱子鹤生于1920年，比彭

1 见毛大风：《永凝庐诗稿》（钱塘诗社，2001）第41页。

小 6 岁，朱诗云："山中春暖客归家，江上风平日未斜。盛世放歌堪养老，吟诗读画一杯茶。"

陈声聪：客来分韵并分茶

陈声聪（1897—1987），字兼与，福州人，上海文史研究馆馆员。是彭鹤濂晚年所交诗友中年辈最高者，远接陈宝琛，近揖李宣龚，素爱奖掖后辈。陈在家组织沙龙与诗友聚会："谈艺清茶一盏同，寒斋亦号小沙龙。题诗早已纱笼壁，胜听阇黎饭后钟。"[1] 郑逸梅、施蛰存、包谦六、周退密、陈九思、周炼霞、富寿荪、顾国华诸人都是常客。

陈声聪为彭题诗两首。其一云："诗人居处即山家，流水吟成日未斜。响彻瓶笙烟续线，客来分韵并分茶。"分韵是为了斗诗，分茶是为了待客。茶味诗情，正是一体。其二云："霜朝雨暮惯抛家，梦里青山一逻斜。细咏松风山谷句，更思榇里蟿源茶。""榇里"，指家乡。"蟿源茶"，指家乡所产之茶。陈是福建人，因前句提及"山谷句"，则"蟿源茶"可能就是壑源茶。黄庭坚《谢送碾赐壑源拣芽》诗云："壑源包贡第一春，缃奁碾香供玉食。"[2] 陈九思（1901—1998）题诗也是两首。其一云："籍甚诗名老作家，高吟时忘帽檐斜。一篇洗我胸尘净，胜饮卢仝七碗茶。"是诗夸陈鹤濂作诗水平高。其二云："披图仿佛到君家，帆景花光日未斜。篆袅炉烟诗梦觉，

1 见《退密文存》（上海辞书出版社，2015）第 88 页。

2 刘尚荣校点：《黄庭坚诗集注》（中华书局，2003）第一册，第 96 页。

乔木型茶树，澹雅供图

上海，雾气笼罩着高楼，作者摄于 2014 年

瓶笙鱼眼试新茶。”是诗言看到煮茗图，仿佛亲到彭家汲水煮茶，相与谈天。

胡蘋秋（1903—1983），原名邵，别署芸娘，安徽合肥人。早年从军，京剧名票友，能词擅诗。与张伯驹有深交，周采泉结识张氏就是胡介绍的。其为彭鹤濂题诗两首。其一云：“虽居闹市似仙家，月影清园梅影斜。多少诗情浮蟹眼，鬓丝轻飏竹间茶。”“仙家”，夸赞彭氏居所。“月影”“梅影”或摹画中所绘情景。“蟹眼”，指煮水沸腾的小水泡。茶助文思，煮茶过程中的任何一个瞬间都可能触发诗情，所以诗人才会说“多少诗情浮蟹眼”。“鬓丝”，即鬓发。该词亦多见前人茶诗中，鬓丝轻扬，竹间煮茶，皆属闲适生活的场景。其二云：“催租久不到寒家，尚爱黄昏日已斜。槐柯蛮触无时了，注目申江且品茶。”“槐柯”，典出唐代传奇小说《南柯太守传》，为书中槐安国南柯郡。南柯太守在梦中迎娶公主，走上人生巅峰，梦醒之后看到大槐树下的蚂蚁，才明白自己做了白日梦。“蛮触”，典出《庄子》，据其书所云，蜗牛左右角上建有两个国家，蛮氏驻右角，触氏驻左角，双方常为争地而战。这诗似乎在说面对日常烦心之事，不妨转移注意力，多品茶。

王退斋（1906—2003），本名王均，字治平，号退斋，江苏泰州人，上海文史研究馆馆员，江南诗词学会副会长。王为煮茗图题诗一首：“江山佳处是君家，翠柳幽墓一径斜。底事君诗清欲绝，沁脾日饮自煎茶。”最后两句解释彭诗“清欲绝”的原因在于日日煎茶沁润心脾。徐定戡是浙江的之江诗社名誉社长，为彭题诗两首。其一云：“研北华南有此家，镧红如火映廉斜。鬓丝禅榻前因在，真爱烟萦七碗茶。”用卢仝“七碗茶”典故。其二云：“�笼先试野人家，筜里封题一道斜。出屋山茶红破蕊，华前对客坐烹茶。”“筜笼”，竹篮，此处指盛茶器具。筜里封题，千里赠茶，多见于历代茶诗。“出屋”句言屋外山茶花绽放。“华前”句言花前烹茶待客。

柳璋（1912—1986），字北野，能诗能厨，并擅书法，兼工篆刻，是之江诗社副社长。柳氏先母为画家周琳，刊有《醉墨轩诗存》。一日，郑逸梅出示《中国现代金石书画家小传第一集》，是书载有周琳早年于上海谋生时所定润例。柳氏睹物思人，颇为动情。柳为彭鹤濂题诗两首。

圣代文章争百家，先生炉火竹帘斜。
山房无事诗千首，尽日江边独煮茶。

山房滨水此为家，帆影松风一榻斜。
踏遍江南芳草地，细吟诗句煮新茶。

“圣代”，盛世也。唐朝诗人王维《送綦毋潜落第还乡》开篇即有“圣代无隐者，英灵尽来归”句。“争百家”，百家争鸣也。两诗前两句所写主要元素大致相同，无非是山房、竹帘、松风、帆影、炉火、茶。至于盛世文章，作诗千首，主旨在于夸人。陆游《书怀》诗云：“客枕五更归梦短，新诗千首后人看。”[1]“山房无事诗千首”是说闭门煮茶作诗，“踏遍江南芳草地”是说行万里路后才“细吟诗句煮新茶”。彭鹤濂早年游踪多现名胜之地，亦颇擅长写景，李

1 《剑南诗稿校注》（浙江古籍出版社，2016）第一册，第 342 页。

宣龚、陈诗对彭所写纪游诗也持肯定意见。柳璋也是旅游“达人”，又喜名山大川，每有寓目，多咏之以诗。夫妻二人退休后常相伴出游。[1]

周采泉（1911—1999）为彭写过两首诗。其一云：“荼蘼灼灼殿春华，宋艳班香万口夸。长忆谦斋诗句好，天留残雪煮春茶。”集雪化水煮茶，时见于典籍记载，《红楼梦》中的人物妙玉即有此等闲情。其二云：“四海吟坛半识君，名流剧迹墨犹新。鸿泥先我陈寥士，东社居然得两人。”宁波人周采泉早年入“东社”，社员被其视为“文字骨肉”。富寿荪跟周是旧识，两人与龙榆生皆有旧。[2]

富寿荪（1923—1996）也是上海文史研究馆馆员，为彭题诗两首。其一云：“画里深幽处士家，棕槐老影几行斜。怪来诗思清如许，云水光中自点茶。”称赞彭氏诗思向来清洵。其二云：“吟坛宿将老名家，煮茗哦诗每日斜。悟得候汤三沸法，从来煎水不煎茶。”“三沸”，即煮水所观察到的三种状态。这两句是说，懂得了煮水之法，也就不难煮茶了。

霍松林：烹诗心意烹茶情

为补绘之煮茗图所作诗词，笔者找来相关文集比对，可以确定

1 柳氏纪游之诗，多见其诗集《芥藏楼诗钞》。

2 详见《周采泉自传》（浙江大学西溪校区硕博文印社）。该传初稿完成于1986年1月24日。据后记（2012年5月23日）可知，该书系周氏女婿熊垣桂据初稿录入电脑并打印付梓。

写作时间。许白凤、霍松林、周退密、郑逸梅等所作诗词集中于20世纪80年代。

许白凤（1912—1997）去过彭鹤濂家。1981年，许为彭作《思佳客·彭松庵红茶山房煮茗图索题》一阕："屋构新图泖水滨，藜床竹几净无尘。香留舌本杯中茗，红透茶蜡底春。耽野逸，任天真，眼前所见有同群。蜗涎湿壁摹奇篆，蠹走残书读古文。"[1]是词以描摹画中景开头，到想象彭氏在山房中读书饮茶的情景，传达"野逸""天真"之情趣。

霍松林（1921—2017）曾随汪辟疆学诗，颇念师恩。曾1959年因事赴上海，特意提前在南京下车，抽空到文昌桥晒布厂五号的汪宅拜访老师，并奉上龙井茶一斤。与汪氏诗信往来者，包括江庸、李宣龚、林思进、刘成禺、柳亚子、章士钊、郭沫若、汪东、陈中岳等。1984年，霍松林作《题彭鹤濂红茶山房煮茗图次原韵》二首。其一云："炎威曾逼万千家，铄石流金日未斜。独有清风生两腋，松阴自煮玉川茶。"其二云："日汲源头活水清，烹诗心意烹茶情。诗心更比茶情酽，写向遥天颂晚晴。"[2]画家侯建明与霍松林同乡，读霍氏《唐音阁诗词选集》有感，绘百余幅诗意图，其中一幅题作《松阴自煮玉川茶》。

1986年，周退密（生于1914年，上海文史研究馆馆员）诗题为《彭松庵（鹤濂）嘱题红茶山房煮茗图，次原意》："金山山下有人家，

1 《平湖文史资料 亭桥词》第5辑，第64页。

2 见《霍松林选集》（陕西师范大学出版社，2010）第二卷诗词集，第139页。

上海街道，作者摄于 2013 年

上海外滩，作者摄于 2013 年

书影花光一几斜。最是深宵吟易倦，风炉榾柮煨春茶。”“榾柮”指木柴块或木疙瘩，可代炭用。钱锺书《王辛笛寄茶》第二首亦云：“何时榾柮炉边坐，共拨寒灰话劫灰。”[1]范成大《秋日田园杂兴》云：“榾柮无烟雪夜长，地炉煨酒暖如汤。莫嗔老妇无盘饤，笑指灰中芋栗香。”[2]煨酒、煨茶、烧土芋，足见榾柮用途广泛。同年，91岁的郑逸梅（1895—1992）作《题红茶山房煮茗图》：“疏篱茅舍野人家，流水潺潺日未斜。正是诗翁寻乐事，一炉黄叶煮红茶。”诗翁乐事便在煮茶。

就笔者所见资料，除以上诸人，苏局仙、黄克威、黄思维也有题诗。彭鹤濂晚年与费在山（1933—2003）交往，因其喜集名家书札，曾赠以题咏诗复印本。费在山辑录部分诗作予以公开并作诗抒情：“拜读华笺老眼花，鸿篇编就日西斜。有缘他日松庵会，奉献圣泉煮圣茶。”[3]“拜读”句写自身状况，“鸿篇”指一众题咏诗，也可能指彭氏在山房里写就的诗篇和文章。“松庵”，双关语：其一，松庵也是前人推崇适宜喝茶的地方；其二，彭鹤濂号松庵。所谓“圣茶”，原注指湖州长兴金沙泉紫笋茶。

1　见钱锺书：《槐聚诗存》（生活·读书·新知三联书店，2002）第113页。

2　见《范石湖集》（上海古籍出版社，1981）第376页。

3　费在山：《〈红茶山房煮茗图〉题咏》，载《陆羽茶文化研究》（湖州陆羽茶文化研究会，1995）第5辑，第91—92页。该文原作“红雨山房”，显然是排印错误。本书所引多数题咏诗即据此文。

周振甫：故叫泉沸沏红茶

王蘧常是无锡国专校长唐文治高足，与唐兰、吴其昌、蒋天枢、钱仲联齐名。王、蒋和钱又称“唐门三鼎甲”。王蘧常是无锡国专第一届毕业生，学识人品并佳，是众望所归的大师兄。唐兰在无锡国专毕业后，早年扬名于京津，任教北京大学、清华大学，后任教于昆明西南联大。吴其昌和蒋天枢先后考入清华大学国学研究院。清华大学国学研究院四大导师就是大名鼎鼎的王国维、梁启超、陈寅恪、赵元任。年轻的李济也在那里任教。玉成诸人共事者就是吴宓。吴、陈后来都到西南联大教过书。蒋天枢是陈寅恪的学术“托命人”。蒋费大力气整理陈氏著作并撰《陈寅恪先生编年事辑》，该事辑审读者之一就是钱锺书。

钱仲联（1908—2003，名萼孙，字仲联）入无锡国专时才15岁，毕业后回到上海。1932年，经黄炎培、陈柱推荐，入大夏大学任教。两年后回无锡国专教书，彭鹤濂这时已经在无锡国专读书两年。彭自承从陈衍、钱仲联学诗，指的就是这段无锡国专经历。钱仲联认为彭长于七绝短于七律，劝他向李商隐学习。1952年，钱、彭相晤于惠山啜茗。后来，钱为煮茗图题诗，还专门提到这件事：“山房比似竹炉清，第二泉边忆昔行。诗味正如茶味酽，松风来和泻时声。”“第二泉”即惠山泉。“忆昔行”即1952年旧事。苏轼诗“茶雨已翻煎脚处，松风忽作泻时声”及“蟹眼已过鱼眼生，飕飕欲作松风鸣”等句，可与钱诗相参观。

李宣龚是彭鹤濂沪上交友圈的核心人物，又乐于提携后进。1939年，钱锺书离开西南联大，到湖南侍父教书。抗战后期蛰居上海，与徐森玉、李宣龚、王辛迪等人来往密切。在夏敬观、李宣龚主持的聚会场合，也时见钱锺书的身影，但没有直接证据表明，他那时就认识彭鹤濂。钱、彭诗信往来应该跟周振甫有关。周与彭是无锡国专校友，往来频繁。1948年，钱锺书在开明书店出版《谈艺录》，周振甫为其书编写目录。这是钱、周友谊之始。

从现有资料来看，彭、钱相交集中于20世纪八九十年代。[1] 某次，彭鹤濂通过周振甫找钱锺书借书。周氏借到书后，通宵达旦为彭抄写一过。彭氏有诗记之，题为《周振甫兄为我向钱锺书兄借到〈梦苕庵诗续存〉一巨册，钞写达旦，赋寄仲联师吴门》[2]。该诗题至少说明，彭、钱关系还没熟到可以直接借书的程度，远不及后来密切。此外，周振甫等所作题咏诗大多诞生于80年代。就当时情况来说，找钱锺书写首诗不算难事。彭鹤濂诗集、钱锺书晚年自定诗集，以及彭氏写钱锺书的文章都没有提及有无请题之事。

彭鹤濂喜欢红茶，尤其对祁门红茶情有独钟："吾性如卢仝，但解茶滋味。武夷非所求，祁门固所愿。"[3] 彭氏《残夜品茗偶成》也说："一杯茶味品祁红，天未明时兴正浓。知是三更初过了，隔

1　彭鹤濂《寄怀钱锺书兄北京》（1990）开篇就说"神交欲面苦相违"，则钱彭此前并未会面，只以诗信往来。（见《棕槐室诗》［上海社会科学院出版社，2013］第151页）

2　彭鹤濂：《棕槐室诗》（上海社会科学院出版社，2013）第76页。

3　彭鹤濂：《赠丁丈方镇并乞红茶》，载《棕槐室诗》（上海社会科学院出版社，2013）第68页。

邻听打数声钟。”[1]部分题诗者因与彭鹤濂关系密切，知其饮茶习惯，题诗往往深得其心。周振甫诗云：

碧螺春好谢山家，三泖波清日未斜。
留取丹心照青史，故叫泉沸沏红茶。

原诗有注：“碧螺春虽好，但为绿茶，故谢而不用。”彭鹤濂也认为这诗好在一个“谢”字，切题且有“千钧之力”。黄芳墅与彭鹤濂是同乡，年辈比彭高许多，其为《红茶山房煮茗图》题诗也得到彭氏喜爱。

祁门珍品尽搜罗，不羡吴中产事螺。
自足君诗清绝俗，非关七碗饮茶多。

卜居恰在秀塘东，枫叶斜阳相映红。
倘得樵青煎活火，飕飕两腋快生风。

黄端履，字芳墅，生于1876年。据《金山黄氏族谱》记载，黄端履祖籍徽州，这里自古产茶，祁门红茶名声在外，故云“祁门珍品”。“吴中”指名茶碧螺春的产地苏州。“非关”“飕飕”句皆典出唐人卢仝《七碗茶歌》。在前人审美意识中，活火活水才能烹出好茶，喝这样的好茶才能两腋徐徐生风。饮茶固然有助诗思，黄却说彭氏有天资，有才华，诗自然写得好。

1　彭鹤濂：《棕槐室诗》（上海社会科学院出版社，2013）第176页。

红尘隔断不闻车，积翠如山日欲斜。

瓦罐闲来煎活水，漫尝世味试新茶。

1995年，彭鹤濂作《自题红茶山房煮茗图补图》[1]。次年，彭去世，这个长达半个世纪的题咏宣告结束。2000年，周退密撰《文史馆感旧录》回忆旧交往事，陈声聪、陈九思、富寿荪、柳北野、苏局仙、郑逸梅，还有彭鹤濂的老师唐文治、陆小曼及其老师贺天健，还有马一浮的学生丰子恺、钱锺书的友人徐森玉、郁达夫的妻子王映霞、参与湄潭诗社的江恒源、写《安持人物琐忆》的陈巨来，都在这份追忆名单中。这些人都曾供职于上海文史研究馆。斗茶诗唱和的核心人物江庸曾任该馆馆长。江恒源的湄潭诗友苏步青曾出任复旦大学校长，跟这个诗友圈中的人士也有交往。正是，一碗茶中见世味，一首茶诗见人情。

1 彭鹤濂：《棕槐室诗》（上海社会科学院出版社，2013）第176页。

参考资料

[1] 由云龙．定庵诗存：四卷 [M]．1937.

[2] 林思进．村居集 [M]．成都：华阳林氏霜柑阁，1939.

[3] 江庸．蜀游草 [M]．重庆：大东书局，1946.

[4] 彭定求，等．全唐诗增订本：第二册 [M]．北京：中华书局，1999.

[5] 朱镜宙．梦痕记 [M]．香港：文海出版社，1977.

[6] 李商隐．玉溪生诗集笺注 [M]．冯浩，笺注．上海：上海古籍出版社，1979.

[7] 白居易．白居易集 [M]． 顾学颉，校点．北京：中华书局，1999.

[8] 梅尧臣．梅尧臣集编年校注 [M]． 朱东润，编年校注．上海：上海古籍出版社，1980.

[9] 范成大．范石湖集 [M]．上海：上海古籍出版社，1981.

[10] 郭沫若著作编辑出版委员会．郭沫若全集：第二卷 文学编 [M]．北京：人民文学出版社，1982.

[11] 刘成禺，张伯驹．洪宪纪事诗三种 [M]．上海：上海古籍出版社，1983.
[12] 柳亚子文集编辑委员会．磨剑室诗词集 [M]．上海：上海人民出版社，1985.
[13] 政协湄潭县委员会文史资料征集办公室．贵州省湄潭县文史资料：第三辑 [M]． 1986.
[14] 政协福建省长汀县委员会文史资料编辑室．长汀文史资料：第十三辑 [M]. 1987.
[15] 向楚．空石居诗存 [M]．成都：四川大学出版社，1988.
[16] 林思进．清寂堂集 [M]．成都：巴蜀书社，1989.
[17] 黄稚荃．杜邻存稿 [M]．成都：四川人民出版社，1990.
[18] 李涵，等．缪秋杰与民国盐务 [M]．北京：中国科学技术出版社，1990.
[19] 刘禹锡．刘禹锡集 [M]．《刘禹锡集》整理组，点校．北京：中华书局，1990.
[20] 贵州省遵义地区地方志编纂委员会．浙江大学在遵义 [M]．杭州：浙江大学出版社，1990.
[21] 陈毓华．石船诗文存 [M]．自印本．1992.
[22] 王闲，等．耆献集 [M]．福州：海峡文艺出版社，1995.
[23] 湖州陆羽茶文化研究会．陆羽茶文化研究：5[M]． 湖州：湖州陆羽茶文化研究会，1995.
[24] 自贡市盐务管理局．自贡市盐业志 [M]．成都：四川人民出版社，1995.
[25] 曹经沅．借槐庐诗集 [M]．王仲镛，编校．成都：巴蜀书社，1997.

[26] 江式高．毛泽东函邀江庸参加新政协 [J]. 协商论坛，1999(10)：44-45.
[27] 江庸．江庸诗选 [M]. 北京：中央文献出版社，2001.
[28] 袁景华．章士钊先生年谱：1881—1973[M]. 长春：吉林人民出版社，2001.
[29] 袁嘉谷．袁嘉谷文集：第二卷 [M]. 昆明：云南人民出版社，2001.
[30] 钱锺书．槐聚诗存 [M]. 北京：生活·读书·新知三联书店，2002.
[31] 黄庭坚．黄庭坚诗集注 [M]. 刘尚荣，校点．北京：中华书局，2003.
[32] 赵式铭．赵式铭诗选注 [M]. 蔡川右，等，选注．昆明：云南教育出版社，2003.
[33] 中国科学技术协会．中国科学技术专家传略：农学编 [M]. 北京：中国科学技术出版社，2003.
[34] 黄群．温州文献丛书：黄群集 [M]. 卢礼阳，辑．上海：上海社会科学院出版社，2003.
[35] 洪绂曾．复旦农学院史话 [M]. 北京：中国农业出版社，2005.
[36] 王郁风．吴觉农、胡浩川的茶诗话 [J]. 茶苑，2005(2)：46-48.
[37] 赵寅松．历代白族作家丛书 [M]. 北京：民族出版社，2006.
[38] 《四川大学史稿》编审委员会．四川大学史稿：第一卷 [M]. 成都：四川大学出版社，2006.
[39] 四川省文史研究馆．成都城坊古迹考 [M]. 修订版．成都：成都时代出版社，2006.

[40] 陆羽．茶经校注 [M]．沈冬梅，校注．北京：中国农业出版社，2006.
[41] 陈谊．夏敬观年谱 [M]．合肥：黄山书社，2007.
[42] 腾冲县旅游局．历代名人与腾冲 [M]．昆明：云南民族出版社，2007.
[43] 刘楚湘．刘楚湘诗文选 [M]．张志芳，主编．昆明：云南民族出版社，2008.
[44] 黄炎培．黄炎培日记 [M]．中国社会科学院近代史研究所，整理．北京：华文出版社，2008.
[45] 江靖．忆父亲江庸 [J]．世纪，2008(02)：14-17.
[46] 江康．回忆与父亲度过的岁月 [J]．世纪，2008(02)：17-21.
[47] 李思纯．李思纯文集：诗词卷 [M]． 陈廷湘，李德琬，主编．成都：巴蜀书社，2009.
[48] 章士钊，程潜．章士钊诗词集　程潜诗集 [M]．长沙：湖南人民出版社，2009.
[49] 潘伯鹰．玄隐庐诗 [M]．刘梦芙，点校．合肥：黄山书社，2009.
[50] 李宣龚．李宣龚诗文集 [M]．黄曙辉，点校．上海：华东师范大学出版社，2009.
[51] 吴湉南．无锡国专与现代国学教育 [M]．合肥：安徽教育出版社，2010.
[52] 苏轼．苏轼全集校注 [M]．张志烈，马德富，周裕锴，主编．石家庄：河北人民出版社，2010.
[53] 李根源．李根源《曲石诗录》选集 [M]． 李光信，点校．昆明：云南人民出版社，2010.

[54] 朱自振，沈冬梅．中国古代茶书集成 [M]. 上海：上海文化出版社，2010.
[55] 朱世英．茶诗源流 [M]. 北京：中国农业出版社，2011.
[56] 陆阳．无锡国专 [M]. 南京：凤凰出版社，2011.
[57] 董必武法学思想研究会．董必武诗选：新编本 [M]. 北京：中央文献出版社，2011.
[58] 陈国安，等．无锡国专史料选辑 [M]. 苏州：苏州大学出版社，2012.
[59] 厉鹗．樊榭山房集 [M]. 董兆熊，笺注；陈九思，标校．上海：上海古籍出版社，1992.
[60] 李树民．赵熙文学论稿 [M]. 成都：西南交通大学出版社，2012.
[61] 李勇慧．一代传人王献唐 [M]. 济南：山东教育出版社，2012.
[62] 刘丽．画境诗心：浙江大学湄江吟社诗词解析 [M]. 德宏：德宏民族出版社，2012.
[63] 顾太清．顾太清集校笺 [M]. 金启孮，金适，校笺．北京：中华书局，2015.
[64] 彭鹤濂．棕槐室诗 [M]. 上海：上海社会科学院出版社，2013.
[65] 王侃，等．校辑近代诗话九种 [M]. 王培军，庄际虹，校辑．上海：上海古籍出版社，2013.
[66] 张宗祥．张宗祥文集 [M]. 上海：上海古籍出版社，2013.
[67] 马一浮．马一浮全集 [M]. 杭州：浙江古籍出版社，2013.
[68] 庞俊．养晴室遗集 [M]. 白敦仁，纂辑；王大厚，校理．成都：巴蜀书社，2013.
[69] 赵熙．赵熙集 [M]. 王仲镛，主编．杭州：浙江古籍出版社，

2014.
[70] 张元卿．陈诵洛年谱 [M]. 天津：天津古籍出版社，2015.
[71] 毛欣然．赵熙研究 [M]. 成都：四川大学出版社，2015.
[72] 周退密．退密文存 [M]. 上海：上海辞书出版社，2015.
[73] 李白．李太白全集校注 [M]. 郁贤皓，校注．南京：凤凰出版社，2015.
[74] 杜甫．杜诗详注 [M]. 仇兆鳌，注．北京：中华书局，2015.
[75] 陆游．陆游全集校注：剑南诗稿校注 [M]. 钱仲联，马亚中，主编．杭州：浙江古籍出版社，2016.
[76] 张晖．中国“诗史”传统 [M]. 修订版．北京：生活·读书·新知三联书店，2016.
[77] 曹辛华，钟振振．民国诗词学文献珍本整理与研究：汪东年谱 [M]. 郑州：河南文艺出版社，2013.
[78] 张书学，李勇慧．王献唐年谱长编：1896—1960[M]. 上海：华东师范大学出版社，2017.
[79] 乐山市地方志工作办公室．乐山掌故 [M]. 北京：新华出版社，2017.
[80] 皮日休，等．钦定四库全书：松陵集 [M]. 陆龟蒙，编．北京：中国书店，2018.
[81] 皮日休，等．松陵集校注：第二册 [M]. 王锡九，校注．北京：中华书局，2018.
[82] 余秋慧．林思进研究 [D]. 成都：四川师范大学，2019.
[83] 朱铎民．朱铎民师友书札 [M]. 谢作拳编．杭州：浙江古籍出版社，2019.
[84] 张寅彭．民国诗话丛编 [M]. 上海：上海书店出版社，2002.

[85] 萧统．文选 [M]. 李善，注．上海：上海古籍出版社，1986.
[86] 王玫，许红英．历代书信精选 [M]. 上海：上海远东出版社，2012.
[87] 翁文灏．翁文灏日记 [M]. 李学通，刘萍，翁心钧，整理．北京：中华书局，2010.
[88] 逯钦立．先秦汉魏晋南北朝诗 [M]. 北京：中华书局，1983.
[89] 李璟，李煜，冯延巳．南唐二主冯延巳词选 [M]. 王兆鹏，注评．上海：上海古籍出版社，2002.
[90] 制言月刊社．制言 [J]. 上海：制言月刊社，1939.
[91] 何芳．赵熙等致林思进书信略考 [J]. 中国书法，2017(24)：193-208.
[92] 沈佺期，宋之问．沈佺期宋之问集校注 [M]. 陶敏，易淑琼，校注．北京：中华书局，2001.
[93] 欧阳修．欧阳修词笺注 [M]. 黄畬，笺注．北京：中华书局，1986.
[94] 余冠英．乐府诗选 [M]. 北京：中华书局，2012.
[95] 姚莽，等．中国古典文学聚珍本：赋珍 [M]. 太原：山西高校联合出版社，1995.
[96] 温庭筠．温庭筠全集校注 [M]. 刘学锴，校注．北京：中华书局，2007.
[97] 仇远．仇远集 [M]. 张慧禾，校点．杭州：浙江大学出版社，2012.
[98] 四川省档案馆编．川魂：四川抗战档案史料选编 [M]. 成都：西南交通大学出版社，2015.
[99] 卢冀野．民族诗坛 [M]. 独立出版社，1939.

[100] 元好问．元好问诗编年校注 [M]. 北京：中华书局，2011.
[101] 李贺．三家评注李长吉歌诗 [M]. 王琦，等，评注．上海：上海古籍出版社，1998.
[102] 张英，张廷玉．父子宰相家训：聪训斋语 澄怀园语 [M]. 江小角，陈玉莲，点注．合肥：安徽大学出版社，2015.
[103] 杨万里．杨万里集笺校 [M]. 辛更儒，笺校．北京：中华书局，2007.
[104] 王禹偁．王黄州小畜集 [M]. 上海涵芬楼借江南图书馆藏经鉏堂钞本．
[105] 春白．川中来鸿 [J]. 文友，1939（1）：47.
[106] 向仙乔．和果玲上人斗茶交响曲 [J]. 国立四川大学校刊．1939，(10).
[107] 曹辛华，钟振振．民国诗词学文献珍本整理与研究：汪东文集 [M]. 郑州：河南文艺出版社，2016.
[108] 周虚白．周虚白诗选 [M]. 昆明：云南民族出版社，1995.
[109] 孟子．孟子 [M]. 万丽华，蓝旭，译注．北京：中华书局，2010.
[110] 徐照，徐玑，翁卷，等．永嘉四灵诗集 [M]. 杭州：浙江大学出版社，2010.
[111] 范成大．范成大笔记六种 [M]. 孔凡礼，点校．北京：中华书局，2002.
[112] 冯玉祥．冯玉祥日记：第五册 [M]. 中国第二历史档案馆，编．南京：江苏古籍出版社，1992.
[113] 贺新辉．红楼梦诗词鉴赏辞典 [M]. 北京：紫禁城出版社，1990.

[114] 政协荣县委员会文史资料研究委员会．荣县文史资料选辑：第五辑 [M]. 1987.
[115] 杜牧．杜牧诗选 [M]. 胡可先，选注．北京：中华书局，2005.
[116] 朱镜宙．维摩室即事 [J]. 海潮音，1941，(2)：15-22.
[117] 周文华．乐山历代诗集 [M]. 乐山：乐山市市中区地方志办公室，1995.
[118] 周振甫．诗经译注 [M]. 北京：中华书局，2013.
[119] 陈碧笙．滇边散忆 [M]. 北京：商务印书馆，1941.
[120] 陈翰笙．陈翰笙文集 [M]. 史建云，徐秀丽，译．北京：商务印书馆，1999.
[121] 邓启华．清代普洱府志选注 [M]. 昆明：云南大学出版社，2007.
[122] 樊绰．云南志补注 [M]. 向达，原校；木芹，补注．昆明：云南人民出版社，1995.
[123] 柴萼．梵天庐丛录 [M]. 上海：中华书局，1926.
[124] 廖泽勤．全滇词 [M]. 合肥：黄山书社，2018.
[125] 王建．王建诗集校注 [M]. 尹占华，校注．成都：巴蜀书社，2006.
[126] 徐俊，严晓星．掌故：第一集 [M]. 北京：中华书局，2016.
[127] 云南省档案馆．云南省档案馆馆藏老商标 [M]. 昆明：云南民族出版社，2020.
[128] 云南省档案馆．云茶珍档 [M]. 昆明：云南民族出版社，2020.

[129] 海盐县政协文教卫体与文史委员会．孤云汗漫：朱偰纪念文集 [M]. 上海：学林出版社，2007.
[130] 夏承焘．夏承焘词集 [M]. 长沙：湖南人民出版社，1981.
[131] 萧天喜．武夷茶经 [M]. 福州：海峡书局，2014.
[132] 方国瑜．云南史料丛刊 [M]. 徐文德，木芹，纂录校订．昆明：云南大学出版社，1998.
[133] 杨伯峻．论语译注 [M]. 北京：中华书局，2012.
[134] 林逋．林和靖诗集 [M]. 沈幼征，校注．杭州：浙江古籍出版社，1986.
[135] 铜梁县志编修委员会．铜梁县志：1911—1985[M]. 重庆：重庆大学出版社，1991.
[136] 牟应书．我的茶叶生涯：牟应书自述 [M]. 贵阳：贵州人民出版社，2014.
[137] 政协湄潭县委员会文史资料征集办公室．贵州省湄潭县文史资料：第三辑 [M]. 1986.
[138] 文徵明．文徵明集 [M]. 增订本．周道振，辑校．上海：上海古籍出版社，2014.
[139] 陈寥士．彭鹤濂红茶山房煮茗图题咏 [J]. 中国诗刊，1942，(创刊号).
[140] 袁牧．小仓山房诗集 [M]. 谢氏梅花诗屋 . 1851.
[141] 易宗夔．新世说 [M]. 太原：山西古籍出版社，1997.
[142] 毛大风．永凝庐诗稿 [M]. 杭州：钱塘诗社 . 2001.
[143] 政协浙江省平湖市委员会文史资料委员会．平湖文史资料：第五辑 [M]. 1993.

[144] 霍松林．霍松林选集 [M]. 西安：陕西师范大学出版社，2010.
[145] 刘向．楚辞 [M]. 林家骊，译注．北京：中华书局，2010.
[146] 洪亮吉．北江诗话 [M]. 北京：人民文学出版社，1998.

后记

我是个“上班族”，日常读书自娱，也喜读旧体诗。爬梳西南联大资料，接触到国立西北联合大学、浙江大学、复旦大学、武汉大学西迁史料，从中读到不少茶诗。2018年，我从一则注释中初见“斗茶集”这个书名。为读到集中所载茶诗，花去不少时间考证相关线索，但与《斗茶集》始终缘悭一面，我只好从各种出版物中辑录相关斗茶诗，至今已辑录斗茶诗超过200首。

关于斗茶诗，江庸说叠韵四十余次，赵熙说叠韵近五十次。从江庸与朱镜宙通信可知，1939年所辑《斗茶集》未录全部诗作。原因有二：其一，斗茶诗是偶然产物，江庸结集也并非事前谋划；其二，《斗茶集》刊印后，斗茶诗创作并未因此结束。由于部分作者手稿失传或毁于战火，我们今天已经无法见到全部斗茶诗。本书征引斗茶诗大部分出自江庸1946年所辑《蜀游草》。

2019年，我有机会主编红茶书籍，计划辑录相关茶诗。一番艰辛阅读还真有所收获，这便是发现了《红茶山房煮茗图》题画诗。期间，我读到胡浩川所写采茶诗，湄江吟社茶诗，由云龙所写咏茶组诗。由氏“茶具十咏”此前似未被人提及。这些茶诗部分涉及普洱茶，正好可以串起线索，遂一并撰成文章。

本书征引材料（图片）都是从阅读中得来。任何知识、方法、学问都是无数前人努力的结果，我不过有缘得见并略有延伸。请他们接受我这微末的敬意和谢意，也请读者朋友不吝赐教。特别感谢各位朋友（详见图注）慷慨为本书提供配图照片。

李明

2021 年 9 月 18 日于昆明

图书在版编目（CIP）数据

斗茶录：民国茶事写真 / 李明著 .—武汉：华中科技大学出版社，2022.7
ISBN 978-7-5680-8287-7

Ⅰ.①斗… Ⅱ.①李… Ⅲ.①茶文化－中国－民国 Ⅳ.①TS971.21

中国版本图书馆CIP数据核字（2022）第079084号

斗茶录：民国茶事写真　　李明　著
Douchalu：Minguo Chashi Xiezhen

策划编辑：陈心玉
责任编辑：刘　静
封面设计：Pallsksch
责任校对：阮　敏
责任监印：朱　玢
出版发行：华中科技大学出版社（中国·武汉）　电话：（027）81321913
武汉市东湖新技术开发区华工科技园　邮编：430223
录　　排：华中科技大学惠友文印中心
印　　刷：湖北新华印务有限公司
开　　本：880mm×1230mm　1/32
印　　张：10.375
字　　数：240千字
版　　次：2022年7月第1版第1次印刷
定　　价：59.80元